S 9189

LE NÉOGÈNE CONTINENTAL

DANS LA

BASSE VALLÉE DU TAGE

(RIVE DROITE)

1re PARTIE — PALÉONTOLOGIE

PAR

Fréderic ROMAN

Docteur ès-sciences, Professeur à l'Université de Lyon

AVEC UNE NOTE SUR LES EMPREINTES VÉGÉTALES DE BORNES

PAR

M. FLICHE

Correspondant de l'Institut,
Professeur honoraire à l'École forestière de Nancy

2e PARTIE — STRATIGRAPHIE

PAR

ANTONIO TORRES

Chef de la Section du Service Géologique

LISBONNE
IMPRIMERIE DE L'ACADÉMIE ROYALE DES SCIENCES
1907

CONTRIBUTIONS

À

L'ÉTUDE DU NÉOGÈNE CONTINENTAL

DU

PORTUGAL

BIBLIOTHÈQUE NATIONALE

4 S
2489

COMMISSION DU SERVICE GÉOLOGIQUE DU PORTUGAL

LE NÉOGÈNE CONTINENTAL

DANS LA

BASSE VALLÉE DU TAGE

(RIVE DROITE)

DON
120688

1re PARTIE — PALÉONTOLOGIE

PAR

FRÉDERIC ROMAN

Docteur ès-sciences, chargé de cours à l'Université de Lyon

AVEC UNE NOTE SUR LES EMPREINTES VÉGÉTALES DE PERNES

PAR

M. FLICHE

Correspondant de l'Institut,
Professeur honoraire à l'École forestière de Nancy

2e PARTIE — STRATIGRAPHIE

PAR

ANTONIO TORRES

Chef de section du Service Géologique

LISBONNE
IMPRIMERIE DE L'ACADÉMIE ROYALE DES SCIENCES
1907

INTRODUCTION

C'est une véritable bonne fortune pour le paléontologiste d'avoir à étudier une région à peine effleurée, par des travaux antérieurs; aussi c'est avec le plus grand empressement que j'ai répondu à l'appel de M. Choffat qui venait au nom de M. Delgado, le savant directeur du Service Géologique du Portugal, me proposer de déterminer et de décrire la faune continentale tertiaire de la partie inférieure du Bassin du Tage.

Si le Synclinal miocène marin, des environs de Lisbonne, était connu dans tous ses détails paléontologiques et stratigraphiques, à la suite des recherches du colonel Ribeiro, de Pereira da Costa, de Fontannes, et des observations plus récentes de MM. Cotter, Dollfus et Gomes, il n'en était pas de même de la vaste région qui s'étend sur les deux rives du Tage, toute entière formée de sédiments continentaux.

Cependant bien des observateurs avaient exploré cette région, et si leurs recherches n'ont pas encore été résumées dans un travail d'ensemble, elles ont néanmoins abouti à la découverte et à l'étude de fort intéressants gisements de Végétaux et de Vertébrés terrestres. La flore seule a été décrite en détail par Heer; tandis que les mammifères soumis à divers paléontologistes, en particulier à MM. Gaudry et Depéret, n'ont jamais été décrits ni figurés, bien que les déterminations de ces savants aient été citées à différentes reprises.

Les mollusques continentaux et lacustres n'ont jamais été étudiés en détail, sauf quelques rares exceptions; [1] cela tient à la fois a la rareté des spécimens, et au mauvais état de conservation de la plupart des fossiles.

C'est alors que M. Torres reprit l'étude stratigraphique de cette région, et à la suite de longues et patientes observations, il parvint à établir plus nettement la succession stratigraphique à peine indiquée dans ses grandes lignes, et à tracer une carte géologique du bassin neogène continental du Tage.

---

[1] Fontannes a figuré et décrit une *Unio* plissée sous le nom d'*Unio Ribeiroi*.

La tâche était ardue: on se trouve en effet en présence d'un vaste bassin très probablement en voie d'affaissement continu, où se déversaient sans cesse des sédiments sableux ou gréseux, d'aspect lithologique très monotone, à quelque niveau qu'on les observe.

Les assises calcaires sont peu nombreuses, peu épaisses, souvent interrompues et plus rarement encore fossilifères. Aussi doit-on être doublement reconnaissant à M. Torres des observations qu'il a pu réunir et qu'il a resumées dans la partie stratigraphique de cet ouvrage.

Les exemplaires de mollusques continentaux qui m'ont été confiés par le Service géologique, sont pour la plupart en mauvais état de conservation, et souvent réduits a l'état de moules internes; aussi leur étude, déjà difficile par elle même, devenait d'autant plus délicate que la stratigraphie de la région m'était inconnue.

Je me suis donc résolu à visiter les divers gisements qui ont fourni des fossiles. C'est ainsi que pendant l'automne de 1905 il m'a été possible d'étudier en détail sous la direction de M. Torres, tous les points intéressants du facies continental au Nord du Tage entre Lisbonne et Thomar. Grâce aux facilités de toute nature, que la Commission géologique du Portugal a mis à ma disposition, et surtout grâce à l'accueil exceptionnellement bienveillant de son savant directeur M. Delgado, et de son collaborateur M. Cotter, il m'a été possible de mener ce travail à bonne fin. Je tiens à leur adresser ici l'expression de toute ma reconnaissance. Je dois aussi remercier tout spécialement M. Torres qui m'a guidé dans de nombreuses courses, et qui par son inépuisable obligeance m'a rendu facile et surtout agréable mon séjour en Portugal.

Il y avait dans l'étude de ces mollusques un autre ordre de difficultés, qui provenait du manque de matériaux de comparaison pour déterminer les espèces de cette région. En effet toutes les faunes de mollusques terrestres et continentaux décrites dans le Miocène et le Pliocène font partie du grand bassin méditerranéen, sauf celle de Sansan dans le sud-ouest de la France, et de quelques points de la Touraine qui appartiennent à la région atlantique.

Si les faunes lacustres sont toujours restées assez semblables à elles mêmes dans des bassins géographiques différents, il n'en est plus de même si l'on considère les faunes terrestres qui sont soumises bien davantage aux modifications de température, d'humidité, et d'altitude, etc., qu'entraine un habitat différent.

Cette constatation explique comment j'ai été amené dans ce travail à décrire un grand nombre d'espèces nouvelles, malgré le petit nombre d'échantillons que j'ai eu à examiner, et pourquoi les espèces nouvelles sont plus nombreuses dans la famille des *Hélicidés* que dans les autres groupes.

Ces recherches m'ont conduit à envisager quelquefois les rapports entre les formes fossiles et les espèces actuelles, et pour deux espèces, j'ai été heureux de constater que les descendants de la forme du Miocène habitaient encore la Péninsule hispanique; l'une d'elles a disparu aujourdhui du Portugal, mais se retrouve encore dans le Sud de l'Espagne en Andalousie, l'autre est très voisine d'une forme actuellement très abondante aux environs de Lisbonne.

Dans cette étude, j'ai décrit les faunes suivant leur ordre stratigraphique, tel qu'il résulte des données acquises par M. Torres, et suivant les observations que j'ai pu faire en sa compagnie. Je terminerai chacun des chapitres par les considérations paléontologiques générales qui m'engagent à attribuer la faune décrite à un niveau donné du Miocène ou du Pliocène.

J'étudierai après les faunes qui font partie intégrante de la même succession stratigraphique de la vallée du Tage, les mollusques des lambeaux isolés des environs d'Almargen. Enfin je terminerai par un résumé d'ensemble de la faune néogène de cette partie du Portugal.

Pour la figuration de ces espèces, à mon grand regret, j'ai dû renoncer à me servir de la photographie directe comme moyen de reproduction, l'état de conservation de la plupart des fossiles ne permettant pas l'emploi de ce procédé. J'ai dessiné moi-même à l'aide de la chambre claire, les figures de ce travail, au double de leur grandeur naturelle; ces dessins ont été ensuite ramenés au format de la publication par la phototypie. J'espère avoir ainsi rendu le plus fidèlement possible les particularités diverses des échantillons les plus intéressants.

Pour compléter les données fournies par les Mollusques et contrôler les résultats obtenus, j'ai été conduit à reprendre complètement l'étude des Vertébrés terrestres rencontrés jusqu'à ce jour dans la basse vallée du Tage.

Malgré les difficultés et les risques de toute nature qu'un voyage pouvait faire courir à ces précieux restes de mammifères, M. Delgado, sur ma demande, a bien voulu m'expédier, tout ce qui avait été découvert depuis plus de 30 ans en Portugal! Il m'a donc été possible de comparer sur place les échantillons du Portugal avec les types similaires conservés dans les très importantes collections de l'Université et du Muséum de Lyon.

Cette étude qui forme la deuxième partie de ce mémoire, a été exécutée sous la haute direction de mon maître M. le Professeur Depéret, qui m'a prodigué ses conseils et bien voulu me faire profiter à maintes reprises de ses vastes connaissances concernant les Vertébrés tertiaires.

Je tiens à lui exprimer ici toute ma reconnaissance.

Les planches de Vertébrés ont été faites d'après des photographies exécutées pour la majeure partie au Service photographique de l'Université de Lyon; celles de la Planche III ont été reproduites d'après des clichés qui m'ont été envoyés par M. Delgado. Enfin j'ai fait moi-même la retouche des photographies, ce qui m'a permis de rendre plus lisibles un certain nombre de détails qui auraient disparu dans les manipulations de la phototypie.

Les quelques dessins intercalés dans le texte ont été exécutés à la chambre claire, un peu plus grands que la figure définitive.

Laboratoire de Géologie de l'Université de Lyon, juin 1906.

PREMIÈRE PARTIE

INVERTÉBRÉS

DESCRIPTION DES ESPÈCES

I.—Vallée du Tage

I.—NIVEAU INFÉRIEUR

Horizon des calcaires blancs de la carrière de la Marqueza près Carregado

Tout à fait à la base de la formation continentale de la basse vallée du Tage, et en contact avec le Secondaire, le Tertiaire débute par un conglomérat grossier considéré jusqu'ici comme Oligocène, bien qu'il n'ait encore fourni aucun débris organisé susceptible de donner une indication sur son âge. Ce conglomérat a été parallélisé au *conglomérat de Bemfica* près Lisbonne, qui est intercalé entre la *nappe* et les *tufs basaltiques* à *Bulimus olisipponensis* et le *Burdigalien marin* bien typique.

Le conglomérat de base, est surmonté aux environs de Carregado, par une assise calcaire, exploitée à la carrière de la Marqueza pour l'empierrement des chemins, qui se prolonge vers le Nord avec la même position stratigraphique dans la direction d'Alemquèr.

Ce calcaire, de teinte blanche, très compact est très pauvre en débris organisés. De longues recherches n'ont donné jusqu'à ce jour que quelques *Bithinies* de petite taille et deux exemplaires d'une *Limnée* en mauvais état de conservation.

Ces fossiles sont en nombre insuffisant et trop incomplets pour permettre de donner une appréciation bien exacte sur l'âge de ces calcaires, cependant faute de mieux et en attendant de meilleurs spécimens, j'ai cru utile de décrire ces quelques échantillons.

Les calcaires inférieurs se prolongent d'ailleurs, mais cependant avec quelques interruptions assez longues, dues probablement à la transgression des assises supérieures, sur une grande partie du pourtour du bassin du Tage.

LIMNÆA du groupe de L. PACHYGASTER Thomae

Pl. I, fig. 1

Les calcaires inférieurs n'ont fourni que deux exemplaires incomplets de Limnées: l'un, en partie engagé dans un calcaire siliceux très compact d'où il est impossible de l'extraire, montre seulement son dernier tour; la longueur totale de l'échantillon devait atteindre 27-30^{mm}. Une tentative pour dégager l'extrémité de la spire, a montré que l'intérieur était entièrement cristallin et par conséquent impossible à conserver intacte.

Le second exemplaire, de plus petite taille, est plus net, mais à l'état de moule interne, presque complètement dépourvu de son test; la spire est en partie cassée.

On voit donc que dans ces conditions il est impossible de donner une détermination certaine, cependant, comme de longues recherches ont seulement fait découvrir ces quelques débris, je crois devoir figurer le plus petit de ces deux exemplaires.

L'échantillon reproduit pl. I, fig. 1, 1ᵃ semble bien comparable à la figure de *Limnæa pachygaster* Thomae, donnée par Sandberger et provenant des *calcaires à Littorines* de Wiesbaden [1] (pl. VII, fig. 1, 1ᵃ) par le renflement et le développement du dernier tour. La spire, autant qu'il est possible d'en juger, devait être obtuse et assez courte.

Cette espèce paraît toutefois différer de *L. pachygaster* figurée par Sandberger in *Land und Süsswasser Conchylien*, pl. XXV, fig. 13, 13ᵃ et qui provient cependant de la même localité. [2]

Localités et répartition stratigraphique.—Le groupe des formes voisines de *Limnæa pachygaster* est surtout répandu dans l'Aquitanien en Allemagne. C'est au même niveau qu'on la retrouve en France, dans le bassin du Rhône, suivant Fontannes. [3] En Auvergne M. Giraud [4] la signale à la partie la plus supérieure de l'étage Stampien.

L. pachygaster et les formes voisines semblent donc essentiellement appartenir à l'Oligocène supérieur. Ce même groupe de formes serait représenté un peu plus haut par les espèces voisines de *L. dilatata* Noulet.

Carrière de la Marqueza près Carregado. Calcaires inférieurs (Oligocène?)

NYSTIA TAGICA nov. sp.

Pl. I, fig. 2, 2ᵃ

Diagnose.— *Coquille de petite taille, assez épaisse, polie, subcylindrique, courte, à spire tronquée composée de trois tours, l'avant dernier plus développé et plus renflé que le dernier. La suture bien marquée qui sépare les deux derniers tours est très oblique, tandis que celle des deux premiers est beaucoup moins inclinée mais tout aussi profonde.*

Ouverture ovale, très oblique, subanguleuse en arrière légèrement en retrait sur le dernier tour. Labre bien développé évasé en dehors, mais non pourvu d'un bourrelet externe.

---

[1] Sandberger: *Die Conchylien der mainzer Tertiärbeckens.* Wiesbaden, 1863.

[2] Idem: *Die Land und Süsswasser Conchylien der Vorwelt.* Wiesbaden, 1870-1875.

[3] Fontannes: *Études stratigraphiques et paléontologiques pour servir à l'histoire de la période tertiaire dans le Bassin du Rhône*—VI. *Bassin de Crest.* Lyon-Paris, 1880, p. 151.

[4] Giraud: *Études géologiques sur la Limagne* (Bulletin du Service de la Carte géologique de France t. XIII n.º 87. 1902-1903).

Dimensions

```
Longueur totale ................................................ 4ᵐᵐ
Diamètre de l'avant dernier tour............................... 2
```

Rapports et différences.—L'espèce décrite ici est basée sur trois échantillons des calcaires inférieurs de la carrière de la Marqueza, pourvus de leur test; un certain nombre d'autres exemplaires moins bien conservés proviennent de la même localité.

Par l'obliquité de son ouverture, par le bord légèrement réfléchi de son labre, la troncature de la spire, et enfin le développement tout particulier de son avant dernier tour qui est plus large que le dernier, cette espèce paraît devoir se rapporter au genre *Nystia* tel que l'a créé Tournouër,[1] et tel qu'il a été admis par plusieurs auteurs, en particulier par Fischer[2] et Cossmann.[3]

Les espèces plus voisines de la forme du Portugal sont *Nystia polita* Edw. de l'Eocène moyen et supérieur de l'île de Wight et du bassin de Paris et *Nystia planapicalis* Sandberger du bassin de Mayence.

Elle diffère de *Nystia polita* Edw. (in Sandberger: *Land und Süssw. Conchylien*, pl. XV, fig. 10 et Cossmann: *Catal. Eoc. env. Paris*, pl. VIII, fig. 35–37) par sa taille un peu plus faible, sa spire plus globuleuse, moins conique, le renflement tout particulier de son dernier tour, enfin par l'absence de bourrelet externe sur le labre.

N. planapicalis Sandberger (*Mainzer Tertiärbeckens*, pl. XXXV, fig. 6, p. 394) est plus régulièrement conique, les sutures plus profondes, le dernier tour moins oblique; la bouche est aussi moins ovale, que dans *Nystia tagica* et moins anguleuse en arrière.

Localités et niveau stratigraphique.—Carrière de la Marqueza près Carregado. Calcaires inférieurs très probablement oligocènes.

ARCHÆOZONITES? sp.

Pl. I, fig. 8, 8ᵃ, 8ᵇ

C'est avec quelque doute que je rapporte au genre *Archæozonites* Sandberger deux moules internes, très fortement ombiliqués. Peut-être vaudrait-il mieux considérer ces pièces comme appartenant à une espèce ombiliquée d'*Helix?*

Parmi les formes oligocènes qui peuvent être comparées à cette espèce, on peut citer *Archæozonites Haindigeri* Reuss (in Sandberger, *Land und Süssw. Conchyl.*, pl. XXIV, fig. 26) de Tuchorich qui est un peu plus petit, un peu plus déprimé et à dernier tour plus anguleux et comme subcaréné.

L'*Archæozonites depressus* Grateloup,[4] est aussi de plus petite taille; il diffère nettement de notre espèce, par son ombilic plus large et son ouverture arrondie au lieu d'être ovalaire allongée comme dans le type du Portugal.

Localités et niveau stratigraphique.— Ces deux exemplaires sont les seuls qui aient été rencontrés jusqu'à ce jour dans les calcaires inférieurs à Olhos d'Agua près Pernes, qui sont en contact direct avec le Secondaire. Il est probable que ces calcaires sont l'équivalent de ceux de la carrière de la Marqueza à Carregado, et qu'il faut les rapporter comme eux à l'Oligocène, sans pouvoir préciser davantage.

---

[1] Tournouër: *Journal de Conchyliologie*, t. xvii, 1869, p. 40.

[2] Fischer: *Manuel de Conchyliologie et de Paléontologie conchyliologique*. Paris, 1887, p. 732.

[3] Cossmann: *Catalogue des coquilles fossiles de l'Eocène des environs de Paris*, t. iii, p. 231.

[4] Grateloup: *Conchyliologie fossile du bassin de l'Adour*, pl. I, n.º 3, fig. 7–8.

Il est bien téméraire de donner une appréciation un peu exacte sur l'âge de cette faune en présence d'une si faible quantité de matériaux et en si médiocre état de conservation. Tout au plus peut-on supposer que le niveau de calcaires inférieurs de la carrière de la Marqueza appartient à l'Oligocène.

C'est dans l'Aquitanien surtout et aussi dans le Stampien que se rencontrent *Limnœa pachygaster* et les formes affines. La présence d'espèces du genre *Nystia* tend aussi à donner un caractère ancien à cette faune, les diverses espèces de ce groupe étant particulièrement cantonnées dans l'Eocène supérieur et à la base de l'Oligocène. Il semble donc assez vraisemblable que cette faune appartienne au milieu ou à la fin de l'Oligocène.

Aucun obstacle sérieux n'empêche cette attribution; ces calcaires ne sont en effet séparés du Secondaire que par le conglomérat de base, considéré jusqu'à ce jour comme l'équivalent du conglomérat de Bemfica; et de plus elles sont très souvent recouvertes transgressivement par les couches supérieures franchement miocènes, qui peuvent même en divers points reposer directement sur le Secondaire.

II.—HORIZON D'ARCHINO

Les calcaires de la carrière de la Marqueza, disparaissent rapidement en profondeur en plongeant vers le centre du bassin et sont recouverts par le *conglomérat du Carregado* qui jusqu'ici n'a fourni aucun reste organisé. Ce conglomérat se poursuit vers le Nord dans la direction d'Alemquer puis de là se prolonge vers Otta, en occupant la même position stratigraphique; en ce dernier point il est designé dans divers travaux sous le nom de *conglomérat d'Otta*.

Au-dessus de ces assises caillouteuses commence une puissante série de sables, plus ou moins grossiers, alternant parfois avec des marnes, occupant la plaine à l'Est d'Alemquer, se prolongeant vers le Tage jusqu'à Villa Nova da Rainha et vers le Nord par Rio Maior jusqu'à Arneiro près Pernes.

Cette puissante série, à laquelle nous conserverons le nom d'*horizon d'Archino*, du nom du principal gisement de vertébrés et de végétaux, sous laquelle elle est designé dans différents ouvrages, n'a fourni jusqu'ici que peu d'invertébrés.

Nous sommes ici en présence d'assises à demi-saumâtres déposées dans une lagune, en communication certaine avec la mer au moins pendant la première phase de leur dépôt. C'est ainsi qu'il faut je pense expliquer les quelques gisements d'*Ostrea crassissima* signalés à la base de cette formation.

Près de la pyramide géodésique de Pombas et du signal de Matão à l'Ouest d'Azambuja, il existe en effet des bancs d'huitres nettement intercalés dans des couches à faciès tout à fait continental. Nous assistons ici à une dessalure progressive de l'estuaire avant la formation définitive de la basse vallée continentale du Tage.

Gisement de la pyramide de Pombas.—Les échantillons de cette localité ne peuvent se recueillir que dans un horizon marneux recoupé par la tranchée d'un chemin, et sont très mal conservés. Ce sont des huitres, en partie désagrégées, dont il est difficile de recueillir des individus entiers permettant une étude paléontologique. Il en reste cependant assez pour qu'il soit possible de constater que l'on se trouve en présence d'un banc d'*Ostrea crassissima* de petite taille, de forme assez allongée, à test relativement mince, assez comparable à celles que l'on rencontre en France dans le Burdigalien et à la base de l'Helvétien.

Gisement de Matão.—A Matão les exemplaires sont en bien meilleur état de conservation et disséminés dans des couches de sables assez grossiers. Il n'y a pas là de banc d'*Ostrea crassissima* tel que l'on en rencontre si souvent dans les assises marneuses de l'Helvétien et du Tortonien, mais plutôt une accumulation d'individus ayant vécu à une certaine distance les uns des autres dans un fond très caillouteux. Cependant ces huîtres se sont développées sur place, car un grand nombre d'exemplaires possèdent leurs deux valves adhérentes et empâtées dans un sédiment gréso-marneux. Un certain nombre d'individus sont usés à leur surface, corrodés et perforés et portent ainsi trace d'un séjour assez prolongé dans une mer agitée après la mort de l'animal. La plupart des échantillons portent des perforations de diverse nature provenant des animaux marins qui ont vécu en leur compagnie.

Au point de vue spécifique, ces huîtres se rattachent aussi aux variétés de petite taille de l'*Ostrea crassissima* de la base du Miocène. Les exemplaires les plus grands que j'ai pu recueillir atteignent une longueur de 20 centimètres sur une largeur maxima de 6 à 6,5. La longueur habituelle ne dépasse pas 15 centimètres.

Les exemplaires de Matão semblent donc avoir vécu sur place dans des eaux encore en communication avec la mer, mais dans lesquelles les apports continentaux deviennent de plus en plus fréquents. C'est le dernier retentissement de la mer qui baignait encore l'emplacement actuel de Lisbonne et qui se prolongeait jusqu'aux environs de Villa Franca.

Assises supérieures aux couches à huîtres de Matão et marnes d'Archino.—A la partie supérieure de ces assises marines, le facies sableux reprend et les couches marines sont bientôt surmontées par les *marnes d'Archino*, proprement dites, avec faune de mammifères terrestres et flore continentale. Les assises qui étaient inclinées à la base de la formation et plongeaient fortement vers le centre du bassin se sont peu à peu redressées et rapprochées de l'horizontale, ne conservant plus qu'une très légère inclinaison vers le Nord-Est.

Ces marnes qui s'étendent sur un vaste espace entre Villa Nova da Rainha, Azambuja et Otta ont fourni en différents points des restes de végétaux et de vertébrés. Les mammifères proviennent des gisements suivants: Archino, Aveiras de Cima, environs d'Aveiras de Baixo, environs d'Azambuja (Valverde, Paulino, Barreira d'Outeiro). Nous verrons plus loin que ces divers gisements n'appartiennent pas tous au même horizon géologique et qu'il convient de faire la part de ce qui appartient encore au Miocène moyen et au Miocène supérieur.

Outre les Vertébrés on a rencontré dans les marnes d'Archino quelques spécimens d'une *Unio* plissée décrite par Fontannes en 1883 sous le nom d'*Unio Ribeiroi*.[1] Je crois être utile au lecteur en reproduisant ici la figure donnée dans ce travail et dont l'exactitude ne laisse rien à désirer.

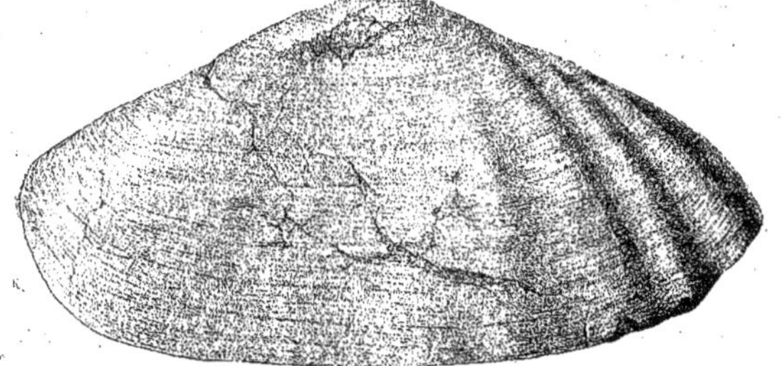

Fig. 1. *Unio Ribeiroi* Fontannes, de grandeur naturelle
(Reproduction de la planche du mémoire cité ci-dessous)

---

[1] Fontannes: *Note sur la découverte d'une Unio plissée dans le Miocène du Portugal*. In-8°, 23 p., 1 pl. Paris, 1883.

Caractères paléontologiques de l'horizon d'Archino

I. **Conglomerats d'Otta et couches à Ostrea de Matão.**—Cet ensemble doit se rapporter à la partie inférieure et moyenne du Miocène, correspondant aux étages Burdigalien et Vindobonien; le seul document sur lequel nous pouvons nous appuyer est la présence des *Ostrea crassissima* qui par leur aspect général, et leur petite taille semblent ne pas devoir se rapporter à un niveau très élevé du Miocène, à l'Helvétien tout au plus. Il faudrait d'autre part admettre que les sables superposés à ce niveau correspondent au Tortonien.

Peut-être même le Burdigalien n'est-il pas représenté dans cette région, la transgression qui fait reposer les couches d'Archino sur le Secondaire pouvant correspondre au commencement du deuxième étage méditerranéen ainsi que cela est la règle dans le reste de l'Europe.

L'étude des Vertébrés des environs d'Aveiras de Baixo montre, ainsi que nous le verrons plus loin, qu'il faut encore rattacher à la partie supérieure du Vindobonien probablement à la base du Sarmatique les marnes et les grès de cette région et au sommet du même étage les couches de Fonte do Pinheiro près Azambuja.

II. **Horizon d'Archino proprement dit.**—L'horizon qui vient au-dessus est beaucoup mieux caractérisé et se rapporte nettement au Pontique. Il est daté à la fois par la faune de mammifères à Archino même *(Hipparion gracile, Tragocerus amaltheus)* et par la flore du même point décrite par Heer[1] et attribuée par lui au Miocène supérieur.

Ce niveau se retrouve jusque sur les bords du Tage aux environs d'Azambuja, où il a fourni en plusieurs points (Aveiras de Cima, Valverde) quelques débris d'*Hipparion gracile*

Ce niveau nous servira donc de point de repère pour classer les couches d'eau douce à mollusques continentaux qui viennent reposer sur lui en concordance.

III.—HORIZON DES CALCAIRES DE CARTAXO

Au-dessus des couches marneuses à Vertébrés de la région d'Archino et d'Azambuja on voit apparaître un niveau calcaire, qui débute auprès d'Azambuja par des affleurements très restreints, mais qui se développe sur les collines qui dominent Aveiras de Baixo et Aveiras de Cima.

Plus au Nord à Pontèvel et surtout au-dessus de Cartaxo cet horizon présente une importance stratigraphique et géographique considérable. Sans vouloir entrer dans des détails stratigraphiques en dehors de ce travail, et qui sont traités tout au long par M. Torres, il suffira de dire que ces calcaires se retrouvent partout dans l'immense région comprise entre Valle de Santarem, Rio Maior et Thomar.

L'aspect lithologique assez particulier de ces calcaires avec taches noirâtres, bréchiformes, permet de les reconnaître dans un grand nombre de points.

Cet horizon calcaire offre d'assez nombreux fossiles terrestres ou d'eau douce, mais ordinairement dépourvus de leur test; cependant en quelques points privilégiés on rencontre des spécimens en bon état de conservation qui permettent une description paléontologique precise.

Les échantillons recueillis surtout à Cartaxo et à Rio Maior appartiennet aux espèces suivantes.

---

[1] Heer; *Contribution à la flore fossile du Portugal*, Lisbonne, 1881,

TESTACELLA LARTETI Dupuy

Pl. I, fig. 4

1850. *Testacella Larteti* Dupuy, *Journal de Conchyliologie*, t. i, p. 302, pl. XV, fig. 2. ·
1873. *non Testacella Larteti* Sandberger, *Land und Süsswasser Conchylien*, pl. XIX, fig. 3 à 36.
1880. *Testacella Larteti* Dupuy, *in* Bourguignat, *Malacologie de la colline de Sansan*, p. 14, pl. I, fig. 4–6

L'unique exemplaire de cette espèce trouvé dans les calcaires de Cartaxo bien qu'un peu détérioré par la fossilisation et l'extraction, se reconnaît facilement à sa coquille ovale, un peu allongée, plus élargie dans sa partie antérieure que dans sa partie postérieure. La spire rudimentaire est bien dégagée du bord columellaire; le sommet manque dans notre exemplaire. La surface de la coquille est ornée de lignes d'accroissement assez fortes rendant la surface de la coquille irrégulière et un peu rugueuse. Le bord externe est presque rectiligne, à peine arqué vers la partie inférieure; le bord columellaire droit est parallèle au bord externe; le bord inférieur manque dans l'échantillon de Cartaxo.

Rapports et différences.—Parmi les *Testacelles* décrites dans le Miocène il convient de signaler la *T. Deshayesi* Michaud,[1] qui se perpétue dans le Pliocène inférieur de la vallée du Rhône (Hauterive) et se distingue de l'espèce de Sansan par sa taille un peu plus petite et la largeur proportionnellement moins considérable de son dernier tour; enfin la spire est moins proéminente dans la *T. Deshayesi*.

Testacella Zellii Klein (in Sandberger, *Land und Süssw. Conchyl.*, p. 605, pl. XXIX, fig. 30–30[b] sous le nom de *T. Larteti*) des calcaires à *Helix sylvana* du Wurtemberg diffère du *T. Larteti* par son labre qui s'unit au bord antérieur sans former d'angle droit, et par son bord columellaire rectiligne.

Testacella Larteti appartient selon Bourguignat au groupe de la *T. Maugei*, espèce atlantique assez fréquente actuellement en Portugal.

Localité et niveau stratigraphique.—Calcaires de Cartaxo.—Pontique.

GLANDINA AQUENSIS Matheron

Pl. I, fig. 5, 5*

1842. *Bulimus aquensis* Matheron, *Catalogue méthodique*,[2] pl. 34, fig. 8–9, p. 207.
1854. *Achatina porrecta* Gobanz, *Sitzungberichte Akad. der Wissenschaft.*, Wien, t. xiii, p. 196, pl. I, fig. 5.
1875. *Glandina inflata* Reuss, var. *porrecta* Sandberger, *Land und Süssw. Conchyl.*, pl. XXIX, fig. 32, p. 605.

Les *Glandines* de la vallée du Tage sont très voisines de l'espèce décrite par Matheron et provenant des environs d'Aix en Provence. Les échantillons de la localité type avec lesquelles j'ai pu les comparer sont venus confirmer cette détermination.

Ce sont des coquilles allongées, ovales, de grande taille à test fortement strié à suture légè-

---

[1] Michaud: *Description des coquilles fossiles découvertes dans les environs de Hauterive* (Drôme), 2e éd., Lyon–Paris, 1876, p. 7, pl. V, fig. 10–11.
[2] Matheron: *Catalogue méthodique des corps organisés fossiles des Bouches du Rhône*, in-8°, Marseille, 1842.

rement crènelée, et à spire relativement courte; le dernier tour très développé est assez fortement renflé. L'exemplaire figuré, entièrement pourvu de son test, diffère de la forme du Midi de la France par sa spire un peu moins acuminée et son sommet moins obtus; la bouche est en outre un peu plus étroite. Ces mêmes différences ne se constatent pas chez tous les exemplaires de la même localité que nous avons eu entre les mains. Quelques individus ont une spire un peu plus allongée, sans toutefois atteindre la longueur de celle de la *Gl. inflata* du Miocène de l'Allemagne du Sud.

Rapports et différences:—La synonymie des différentes formes de *Glandines* est un peu obscure, cela tient au peu de différences spécifiques qui existent entre les espèces de l'Aquitanien et celles du Miocène supérieur.

Il me semble cependant impossible d'admettre la synonymie telle qu'elle a été donnée par Maillard.[1] Ce paléontologiste réunit à la *Gl. inflata* de Reuss (1851) la *Gl. aquensis* décrite et figurée dès 1842 par Matheron, ainsi qu'il l'indique lui-même en tête de sa synonymie. Le nom de Matheron ayant la priorité doit être conservé.

Il me semble donc nécessaire de maintenir les noms d'espèce suivants: *Gl. inflata* Reuss pour les formes de l'Aquitanien et du Miocène inférieur; *Gl. aquensis* Matheron pour les individus du Miocène supérieur et du Pliocène.

Dans ce dernier étage *Gl. aquensis* est représentée, suivant M. Depéret, par une forme à spire plus courte, et de dimensions un peu moindres, à laquelle il a donné le nom de variété *obtusa*.[2] Cette variété existe d'ailleurs dans le Pontique de la vallée moyenne du Rhône (Cucuron).

Localité et niveau stratigraphique.—Cette espèce paraît assez fréquente à Pernes dans des calcaires blancs correspondant, suivant M. Torres, aux calcaires de Cartaxo; un autre exemplaire provient de Alcoentre dans des calcaires du même niveau. Ces divers calcaires nettement supérieurs aux couches à *Hipparion* doivent appartenir à l'étage Pontique.

Plusieurs échantillons bien conservés ont été recueillis à San Vicente au Sud de Pernes au même niveau. Cette même espèce se retrouve, comme on le verra plus loin, dans les calcaires de Santarem qui occupent un niveau stratigraphique un peu plus élevé.

HELIX sp.

Pl. I, fig. 6, 6ᵃ

Moules internes d'une espèce d'assez grande taille, déprimée, composée de cinq tours presque plans à la partie supérieure et à peine renflés sur la face inférieure; accroissement lent. Dernier tour relativement peu volumineux et assez surbaissé, fortement caréné jusqu'au voisinage de la bouche. La coquille devait être imperforée; sur le moule interne une perforation punctiforme indique la place de la columelle. Sa bouche devait être assez fortement réfléchie, d'après un autre moule interne en partie engagé dans la gangue.

Rapports et différences.—Dans l'état de conservation de ces échantillons il est impossible de donner une détermination même approximative. La seule forme qui paraît pouvoir leur être rapprochée est l'*Helix Beaumonti* de la mollasse coquillère des environs d'Aix-en-Provence figurée par Matheron

---

[1] Maillard: *Monographie des mollusques tertiaires terrestres et fluviatiles de la Suisse* [Mémoires de la Société Paléontologique Suisse, vol. xviii (1891), p. 4.]

[2] Depéret: *Les animaux pliocènes du Roussillon*, p. 176 et Depéret et Sayn: *Monographie de la faune fluvio-terrestre du Miocène supérieur de Cucuron* (Annales de la Société Linnéenne de Lyon, 1900, t. 47, p. 6, pl. I, fig. 77).

(Catal. méth., p. 200, pl. 33, fig. 18, 19) qui a sensiblement la même taille; mais la spire est plus élevée et la carène moins accentuée que dans notre espèce.

Localités et niveau stratigraphique.—Cette forme est assez abondante à l'état de moules internes à Cartaxo, on la rencontre aussi à Felgueira près Aveiras de Baixo.—Étage Pontique.

HELIX MENDESI nov. sp.

Pl. I, fig, 7, 8, 9, 9ᵃ, 9ᵇ

Diagnose.—*Coquille de taille assez grande, globuleuse, très convexe en dessus, non ombiliquée, spire élevée, légèrement conoïde et à sommet obtus; cinq tours à croissance régulière assez lente, séparés par une suture bien accentuée.*

Dernier tour, à peine plus grand que l'avant dernier, arrondi vers l'ouverture, et offrant à l'insertion du bord externe une direction descendante peu prononcée. Ouverture assez oblique, ovale. Péristome (incomplet dans les échantillons examinés) droit à sa partie supérieure et probablement réfléchi dans le reste de son contour; bord columellaire se terminant par une callosité peu prononcée, recouvrant complètement la perforation ombilicale.

Test orné de stries, assez écartées dans le voisinage de l'ouverture, plus serrées et plus fines dans les premiers tours.

Cette espèce est établie sur deux échantillons munis de leur test (fig. 7 et 8) dont la bouche n'est pas complètement conservée, et sur un assez grand nombre de moules internes provenant du calcaire de Cartaxo.

Ces échantillons ont été recueillis pour la Commission Géologique du Portugal par le collecteur Mendès, à qui je me fais un plaisir de dédier cette espèce en souvenir de ses nombreuses découvertes dans le Miocène du Tage.

Rapports et différences.—Par sa taille et son aspect général, cette espèce se rapproche des grandes formes décrites dans le Pontique du bassin du Rhône sous le nom d'*Helix aquensis* M. de Serres,[1] diagnose rectifiée par Matheron *(Cat. Meth.*, p. 197); les moules internes en particulier sont presque identiques. Cependant lorsque les échantillons sont munis de leur test ils sont assez faciles à distinguer:

Helix aquensis est ordinairement de taille un peu plus grande, ses tours s'accroissent plus rapidement, les sutures sont moins profondes, et le bord supérieur de la bouche plus déclive, ce qui entraine une obliquité considérable de l'ouverture qui est nettement tournée vers le bas. L'ornementation du test, est en outre très grossière et irrégulièrement chagrinée dans cette espèce.

Parmi les autres formes miocènes comparables, on peut signaler dans l'Aquitanien des environs d'Ulm l'*Helix ehingensis* Klein (in Sandberger *Land und Süssw. Conchyl.*, pl. XXIX, fig. 10, qui atteint la même taille, mais dont la spire est plus élevée, les tours plus hauts et la face inférieure plus convexe, cette espèce diffère en outre de la forme du Tage par la présence d'une perforation ombilicale, et par sa bouche fortement déversée au dehors.

Localités et niveau stratigraphique.—Calcaire de Cartaxo; Valle de Santarem.—Pontique.

---

[1] M. de Serres: *Géognosie des terrains tertiaires*, in-8°, Paris, 1829, pl. I, fig. 17-18, p. 98.

HELIX cfr. SANSANIENSIS Dupuy

Pl. I, fig. 10, 11, 11ᵃ

1850. *Helix sansaniensis* Dupuy, *Coquilles fossiles de Sansan,*[1] p. 304, pl. XV, fig. 3.
1880.   »   »   Dupuy, *in* Bourguignat, *Malacologie de la colline de Sansan,*[2] p. 34, pl. 2 (27), fig. 25-27.

Je rapproche de cette espèce un exemplaire muni de son test, figuré pl. I, fig. 10, assez voisin par sa forme générale de l'espèce de Sansan, mais qui en diffère cependant par ses tours plus étagés, sa suture plus profonde, la base des tours tombant perpendiculairement sur la partie supérieure du tour suivant. On ne peut reconnaître si la bouche a la forme dilatée si spéciale aux espèces voisines de *H. Larteti* et *H. sansaniensis*, parce qu'elle est trop engagée dans la gangue. Le test etait orné de lignes d'accroissement assez grossières.

Un certain nombre de moules internes de la même localité doivent se rapporter à la même espèce; je figure l'un des plus complets (fig. 11, 11ᵃ).

Localités et niveau stratigraphique.—Calcaires de Cartaxo; Valle de Santarem.—Pontique.

HELIX sp.

Pl. I, fig. 12

J'ai figuré un moule interne d'*Helix*, indéterminable d'ailleurs, provenant des calcaires de Cartaxo, qui présente une carène très accentuée, qu'il m'a paru cependant intéressant de reproduire pour indiquer ici la présence d'une espèce nouvelle qui ne paraît se rapprocher d'aucune des autres formes décrites ici.

HELIX CARTAXENSIS nov. sp.

Pl. I, fig. 13, 13ᵃ, 13ᵇ, 13ᶜ

Diagnose.—*Coquille globuleuse déprimée, convexe en dessus, arrondie et convexe en dessous. Test assez épais, lisse, orné seulement sur les deux premiers tours de la spire de lignes d'accroissement fines et peu accentuées. Spire très surbaissée, composée de 4 tours moins convexes en dessus qu'en dessous; tours à croissance rapide, régulière, séparés par une suture linéaire bien marquée sur les premiers tours s'approfondissant un peu entre les deux derniers.*

Dernier tour très grand occupant les ⁴/₅ de la hauteur totale de la coquille, très globuleux.

Ouverture ovale oblique légèrement rétrécie. Péristome incomplet, assez épais, paraît avoir été un peu réfléchi; bord inférieur un peu épaissi; pas de perforation ombilicale.

---

[1] *Journal de Conchyliologie*, t. 1, 1850.
[2] *Annales des Sciences Géologiques* publiées sous la direction d'Hébert et Milne Edwards, t. ix, 1880.

Dimensions

Hauteur totale.. 12ᵐᵐ
Diamètre maxima... 19

Cette espèce représentée dans les collections de la Commission géologique par un assez grand nombre d'exemplaires est facilement reconnaissable à sa forme globuleuse, et son dernier tour de forme ovalaire, au lieu d'être circulaire, comme dans la plupart des Hélicidés; cette disposition ne tient nullement à la fossilisation, ainsi qu'on serait tenté de le croire au premier abord, mais se reproduit sur tous les exemplaires en bon état de conservation que j'ai eu entre les mains.

Rapports et différences.—*Helix cartaxensis* par sa forme générale se rapproche un peu de l'*H. olla* M. de Serres,[1] du Mas-Sᵗᵉ-Puelles (Eocène supérieur), mais elle en diffère nettement par sa spire un peu moins courte, sa forme plus globuleuse et plus élevée, sa face inférieure plus convexe et surtout par l'absence d'ombilic; le péristome est en outre bien plus réfléchi chez *H. olla*.

Une autre espèce du même groupe, qui sera décrite plus loin sous le nom d'*Helix quintanellensis*, se distingue par la forme de la bouche moins allongée transversalement et par son bord columellaire rectiligne au lieu d'être convexe. La forme générale de la coquille elliptique chez *H. cartaxensis* et circulaire dans *H. quintanellensis*, permettra facilement de séparer ces deux espèces.

Localités et niveau stratigraphique.—Calcaires de Cartaxo, exemplaires munis de leur test; Asseiceira, et pyramide de Bairrada près Rio Maior.—Pontique.

HELIX (IBERUS) DELGADOI nov. sp.

Pl. I, fig. 14, 14ᵃ, 14ᵇ

Diagnose.—*Coquille très fortement carénée, non ombiliquée, assez grande, déprimée sur la face supérieure, renflée à sa partie inférieure; composée de 4 tours à croisssance régulière, plus hauts que larges et légèrement étagés. Face supérieure du tour plane, limitée par une carène très forte, face inférieure faiblement arrondie.*

Ouverture, incomplète dans l'exemplaire étudié, triangulaire, à péristome discontinu; labre en partie détruit, visible seulement à la partie supérieure du tour, simple et non réfléchi en ce point.

Test en partie conservé sur la face inférieure du dernier tour; ornementation chagrinée, formée de cordons onduleux irréguliers, et fréquemment anastomosés. Ils sont moins ondulés, sur la face inférieur de l'avant dernier tour au voisinage de la bouche, et l'ornementation est seulement formée par de simples cordons rayonnants, partant de la région ombilicale et à peine sinueux.

Sur la face supérieure, le test n'est conservé que sur une faible partie de l'avant dernier tour, et une partie du troisième; il est moins orné que sur la face inférieure et les cordons sont plus fins, moins onduleux et moins fréquemment anastomosés; ils sont en outre assez fortement infléchis en arrrière.

---

[1] M. de Serres: *Annales des sciences naturelles*, 1844, p. 186, pl. XII, fig. 17 et Sandberger: *Land und Süsswass. Conchyl.*, p. 291, pl. XVII, fig. 2-2ᵃ.

Dimensions

Diamètre... 30^{mm}
Hauteur... 15

Je me fais un plaisir de dédier cette nouvelle espèce au savant directeur de la Commission géologique à cause de l'intérêt tout spécial que présente cet type au point de vue de la répartition dans le temps de certaines formes vivant encore actuellement. Je n'ai eu pour cette description qu'un exemplaire (fig. 13, 13^a, 13^b) à peu près complet, un moule interne en partie engagé dans la roche, et un autre fragment plus jeune; ces trois exemplaires proviennent du même point de Casaes de Valle de Obidos près Rio Maior.

Rapports et différences.—Je ne connais aucune forme fossile qui soit comparable à l'*Helix Delgadoi;* la seule espèce qui puisse lui être rapprochée est une forme vivante *Helix Gualtieriana* Lin. (*Syst. Natur.,* éd. xii, p. 1243), qui se trouve dans le Sud de l'Espagne aux environs de Carthagène, de Cadix et de Grenade. Elle a été rattachée par divers auteurs, en particulier par Paetel,[1] au sous-genre *Iberus* (Montfort);[2] c'est au même groupe que nous rattacherons l'*H. Delgadoi.*

Helix Gualtieriana ressemble beaucoup à l'espèce fossile que nous décrivons par son aspect général, c'est-à-dire, par l'aplatissement très considérable de sa face supérieure, tandis que la face inférieure est très bombée, par sa carène saillante, par l'absence d'ombilic et enfin par son péristome discontinu. Elle en diffère par un certain nombre de caractères faciles à saisir: la taille de l'espèce actuelle est un peu plus grande, l'ornementation consiste chez *H. Gualtieriana* en cordons spiraux assez saillants, parallèles et nombreux, recoupés par des lignes d'accroissement infléchiës en arrière et donnant à la surface de la coquille un toucher rugueux, tandis que chez *H. Delgadoi* on ne retrouve nulle trace de cordons spiraux, mais une ornementation chagrinée toute particulière. La partie supérieure du labre est en outre légèrement déclive chez *H. Gualtieriana,* tandis que chez *H. Delgadoi* le fragment conservé va s'insérer parallèlement à la carène.

L'existence d'une forme voisine de ce groupe dans le Miocène du Portugal est fort intéressante à signaler, parce qu'il n'existe actuellement dans la faune de ce pays aucune forme semblable. Elle semble indiquer que ce groupe devait avoir une extension beaucoup plus considérable que de nos jours, et que les représentants en auraient émigré peu à peu dans la région méditerranéenne.

Actuellement, si l'on s'en rapporte au catalogue de Paetel, les *Iberus* ne possèdent plus qu'un représentant en Espagne l'*Helix Gualtieriana,* un autre en Algérie, tandis que la faune de Sicile contient encore six espèces de ce groupe. Les *Iberus* ne semblent par d'ailleurs s'être beaucoup répandus dans la Méditerrannée occidentale puisque Paetel ne cite qu'une seule espèce en Grèce et une autre en Palestine.

Localités et niveau stratigraphique.—*H. Delgadoi* n'a encore été rencontrée que dans les calcaires de Rio Maior. L'étiquette collée sur l'échantillon porte l'indication suivante: 100^m à S. 36° E. de Casaes de Valle d'Obidos. Ces couches seraient l'équivalent du calcaire de Cartaxo, suivant M. Torres, c'est-à-dire du Pontique.

---

[1] Paetel: *Catalog der Conchylien Sammlung,* 2ᵉ partie, p. 137. In-8°. Berlin, 1889.

[2] L'*H. Gualtieriana* a été classé par Locard dans les collections du Muséum de Lyon (étiquette de sa main) dans le genre *Tropidocochlis* qu'il a créé; mais ce genre dont le type est l'*H. explanata* est ombiliqué ainsi que l'indique Locard lui même dans sa diagnose du genre; je crois donc qu'il n'y a pas lieu ici de suivre son opinion et qu'il est préférable de conserver le genre indiqué par Paetel.

HELIX (MACULARIA) TORRESI nov. sp.

Pl. I, fig. 15, 15ᵃ, 15ᵇ

Diagnose.—*Coquille imperforée, déprimée, un peu plus convexe en dessus qu'en dessous, à test solide fortement strié. Spire un peu convexe peu élevée, à sommet obtus, 5 à 6 tours légèrement convexes, à croissance peu rapide, séparés par une suture linéaire assez profonde surtout dans le voisinage de la bouche.*

Dernier tour comprimé, subanguleux, à peine convexe en dessous, avec une direction descendante assez accentuée vers l'ouverture qui regarde vers le bas.

Ouverture très oblique, ovalaire transversalement; péristome peu épaissi, non réfléchi en dehors; bord columellaire recouvrant d'une callosité la place de la perforation; bords convergents assez rapprochés non réunis par une callosité.

Dimensions

Diamètre... 10ᵐᵐ
Hauteur... 6

Les échantillons de cette espèce sont très nombreux dans les calcaires de Pernes, que M. Torres rapporte au niveau de Cartaxo; le plus ordinairement les échantillons sont pourvus de leur test, souvent cristallisés à l'intérieur, mais fréquemment aussi on la rencontre à l'état de moule interne.

Je dédie cette espèce à M. Torres attaché au Service Géologique du Portugal, qui par ses nombreuses recherches a contribué à faire connaître en détail la stratigraphie de la basse vallée du Tage.

Rapports et différences.—L'*H. Torresi* par sa forme déprimée se rapproche un peu des espèces du groupe de l'*H. Leymeriei* Noulet,[1] mais elle en diffère notablement par sa taille moins grande, sa bouche non réfléchie, ses tours étroits et à croissance moins rapide. Le test ne présente pas non plus les papilles fines et arrondies signalées par Maillard.

Localités et niveau stratigraphique.—Calcaires compacts de Pernes, échantillons avec leur test; San Vicente exemplaires en bon état; moules internes mal conservés de Cartaxo?—Pontique.

---

[1] Maillard: *Monogr. des Moll. tert. de la Suisse* (Mém. Soc. Pal. Suisse, vol. xxiu, 1891, pl. III, fig. 16).

LIMNÆA groupe de HERIACENSIS Fontannes

Pl. I, fig. 16, 16ᵃ, 17

1875. *Limnæa Bouilleti* var. *heriacensis* Fontannes, *Vallon de la Fuly,*[1] p. 47, pl. I, fig. 8.
1876. » *heriacensis* Fontannes, *Terrains tert. du Haut Comtat,*[2] p. 93.
1879. » » Fontannes, *Espèces nouvelles ou peu connues,*[3] p. 33, pl. II, fig. 3-4.
1900. » » Fontannes *in* Depéret et Sayn*/ Faune fluvio-lacustre de Cucuron,*[4] p. 11, pl. I, fig. 34-37 et 87-88.

Les calcaires de Cartaxo renferment des moules internes d'une *Limnée* à spire remarquablement allongée, dont les tours sont séparés par des sutures très obliques, et dont le dernier tend à se dilater plus rapidement que le reste de la spire. Ces caractères surtout discernables dans les échantillons de grande taille sont déjà apparents sur des exemplaires de plus petite dimension. Ces moules ne peuvent se rapporter qu'à une forme voisine de *L. heriacensis* du Pontique de Cucuron ou bien à *L. Bouilleti* Michaud du Pliocène d'Hauterive, espèce à laquelle Fontannes attribuait tout d'abord son espèce à titre de simple variété.

Je rattacherai volontiers les types de Cartaxo au type *heriacensis*, et en particulier à la variété *Gaudryana*, à laquelle a été possible de comparer des échantillons authentiques de Cucuron de taille analogue à ceux du Portugal. Cette variété diffère du type pliocène par la croissance un peu moins rapide des premiers tours et un effilement moindre de la coquille.

Localités et niveau stratigraphique.—Calcaires de Cartaxo; Valle de Santarem.—Pontique.

LIMNÆA groupe de DILATATA Noulet

Pl. I, fig. 18, 18ᵃ

1873. *Limnæa dilatata* Noulet *in* Sandberger, *Land und Süssw. Conchyl.*, pl. XXVIII, fig. 24-24ᵃ.
» » Noulet non Dunker *in* Maillard, *Moll. tert. Suisse*, pl. VII, fig. 8-11.

Le groupe des *Limnées* courtes à dernier tour renflé est représenté dans le Miocène par *L. dilatata*, considérée par Sandberger et Maillard comme les descendants directs de la *L. pachygaster* de l'Aquitanien. Noulet, n'ayant pas figuré l'espèce nous admettrons pour type la figure de Sandberger.

Les échantillons du Portugal, en trop mauvais état de conservation, ne peuvent du reste se prêter qu'à une détermination approximative. J'ai cru cependant utile de figurer l'un des exemplaires qui se rapprochent le plus de la forme type.

Localités et niveau stratigraphique.—Calcaires de Cartaxo.—Pontique.

---

[1] F. Fontannes: *Études pour servir à l'histoire de la période tertiaire dans le Bassin du Rhône. Étude I.*
[2] Id. Étude II.
[3] Id. Étude V.
[4] Loc. cit. ante, p. 12

PLANORBIS (HEMISOMA) PRÆCORNEUS Fischer et Tournouër

Pl. I, fig. 19, 19ᵃ, 19ᵇ

1873. *Planorbis præcorneus* Fischer et Tournouër, *Les Invertébrés fossiles du Mont Léberon,*[1] pl. XXI, fig.
6–8, p. 155.
1900.   »   »   Fisch. et Tourn., *in* Depéret et Sayn, *Monogr. de la faune fluvio-lac. de Cucuron,*[2]
p. 13, pl. I, fig. 78.

Rapports et différences.—L'espèce désignée par Fischer et Tournouër sous le nom de *Pl. præcorneus* est intermédiaire, par sa taille et sa forme générale, entre le *Pl. Mantelli* Dunker, du Miocène
d'eau douce, *(Obere Süsswasser Mollasse)* du Sud de l'Allemagne, et le *Pl. Thiollierei* Michaud du
Pliocène inférieur d'Hauterive (Drôme).

Il se distingue facilement du *Pl. Mantelli* par ses tours plus hauts, sa face supérieure moins
plane, et du *Pl. Thiollierei* par sa taille moins forte et l'absence de carène à la base du tour.

Parmi les formes miocènes on peut lui comparer le *Pl. sansaniensis* Bourguignat *(Malac. de
la col. de Sansan,* pl. 7, fig. 216–218) qui diffère par des tours plus nombreux et plus hauts.

Les échantillons de la vallée du Tage possèdent parfois leur test, ceux de Valle de Santarem
en particulier, offrent tous les caractères des exemplaires de la vallée du Rhône. Le type figuré est
cependant de taille un peu plus considérable que ceux qui ont été représentés dans la note de M. Depéret et dont j'ai eu les originaux entre les mains.

Ils sont accompagnés dans ces mêmes couches par un grand nombre de moules internes se
rapportant très probablement à cette même espèce.

Localités et niveau stratigraphique.—Valle de Santarem, exemplaires munis de leur test; Asseiceira
près Rio Maior (id.); Casal da Cevada près Aveiras de Baixo, moules internes. Deux échantillons munis de leur test de Pernes (à l'O. de la Pyramide de Tia Maria).—Pontique.

PLANORBIS groupe de PRÆCORNEUS Fischer et Tournouër

Les très nombreux moules internes de Planorbes que l'on rencontre soit à Asseiceira près de
Rio Maior, soit dans les calcaires de Cartaxo, présentent tous les termes de passage entre la forme
type et la forme *Mantelli*: il est donc impossible de séparer ces deux espèces à l'aide de simples
moules internes; j'ai cependant groupé sous le nom de *Pl. af. præcorneus* tous les individus à tours
élevés et légèrement carenés, réservant le nom de *Pl. af. Mantelli* à tous les spécimens à tours moins
hauts, à ombilic plus large.

---

[1] Gaudry: *Animaux fossiles du Mont Léberon,* in-4°, Paris. Savy, 1873. 2ᵉ partie,
[2] Loc. cit. ante, p. 12.

PLANORBIS af. MANTELLI Dunker

Pl. I, fig. 20, 20ᵃ, 20ᵇ

1849. *Planorbis Mantelli* Dunker, *Paleontographica*, t. i, p. 159, pl. XXXI, fig. 27-29.
1875.　　ʋ　　*corneus* var. *Mantelli* Sandberger, *Land und Süssw. Conchyl.*, p. 577, pl. XXVIII, fig. 18-18ᵇ.
1892.　　ʋ　　*Mantelli* Dunker *in* Maillard et Locard, *Mol. tert. de la Suisse*, p. 142, pl. VIII, fig. 9-11.

Je rapporte à cette espèce un certain nombre de moules internes d'un *Planorbe* à face supérieure presque plane, à tours assez nombreux peu élevés.

Locard[1] énumère de la façon suivante les caractères qui permettent de distinguer cette espèce des formes voisines: hauteur assez faible des tours, face supérieure plus plane, et taille ordinairement plus grande, enfin rides transversales assez accentuées dans le voisinage de la bouche.

Ces divers caractères se présentent dans un certain nombre de moules internes que j'ai examinés, mais il existe de nombreux termes de passage entre cette forme et la précédente.

Localités et niveau stratigraphique.—Les calcaires de Felgueira près Aveiras de Baixo contiennent des spécimens assez typiques de cette espèce; c'est un des échantillons de cette localité qui a été figuré (pl. I, fig. 19-19ᵇ). Elle existe aussi dans les calcaires de Cartaxo, mais parmi les nombreux *Planorbes* à l'état de moules internes, il n'y en a que fort peu qui présentent la forme type, la plupart des autres exemplaires passent au *Pl. præcorneus*.

PLANORBIS (GYRORBIS) MARIÆ Michaud

Pl. I, fig. 21, 21ᵃ, 21ᵇ

1862. *Planorbis Mariæ* Michaud, *Descript. des coq. foss. d'Hauterive*,[2] pl. IV, fig. 4, p. 23.
1900.　　ʋ　　*(Gyrorbis) Mariæ* Michaud, *in* Depéret et Sayn, *Monogr. du Mioc. sup. de Cucuron*,[3] p. 15.

Ce petit *Planorbe* est caractérisé suivant Michaud par sa coquille discoïde, aplatie des deux côtés, formée de six tours de spire, s'accroissant très insensiblement et dont le dernier est légèrement caréné. Il se rencontre à la fois dans le Pliocène inférieur et dans le Miocène supérieur (Pontique) de la vallée du Rhône.

J'ai pu observer de cette espèce deux échantillons complètement isolés de leur gangue et en très bon état de conservation. Ces exemplaires offrent bien tous les caractères des types d'Hauterive avec lesquels on pourrait facilement les confondre. La seule différence que nous ayons pu constater consiste dans l'aplatissement un peu plus grand des tours, tout en conservant la carène atténuée, caractéristique de l'espèce.

---

[1] Maillard et Locard : *Monographie des mollusques tertiaires terrestres et fluviatiles de la Suisse*, 2ᵉ partie (Mém. Soc. Paléont. Suisse, t. xix, 1892) p. 142
[2] *Journal de Conchyliologie* (Janvier 1862).
[3] Loc. cit. ante, p. 12.

Dimensions

Diamètre .... 4^{mm}
Epaisseur... 0,75

Localités et niveau stratigraphique.—L'exemplaire figuré, entièrement pourvu de son test, provient des calcaires de Cartaxo où cette espèce est encore représentée par de très nombreux moules internes ou extérieurs.—Pontique.

PLANORBIS (ANISUS) MATHERONI Fischer et Tournouër

Pl. I, fig. 22, 22ª, 22ᵇ

1873. *Planorbis Matheroni*, Fischer et Tournouër, *Descript. des invertébrés fossiles du Mont Léberon,* [1] p. 156 pl. XXI, fig. 3–5.
1900.   »   *(Anisus) Matheroni.* F. et T., *in* Depéret et Sayn, *Monogr. de la faune fluvio-lac. de Cucuron,* pl. I, fig. 19–25.

Cette forme très frequente dans le Pontique de la vallée du Rhône, surtout à Cucuron, est ordinairement de taille un peu plus grande que l'échantillon de Cartaxo. Cependant on peut trouver parmi les exemplaires de Cucuron des spécimens absolument identiques à ceux du Portugal.

On reconnait facilement cette espèce à ses tours très aplatis, à croissance assez lente et régulière; la face supérieure est à peu près plane, les sutures assez profondes; le dernier tour est pourvu d'une carène peu accentuée placée à la partie inférieure du tour. La face inférieure est largement ombiliquée et concave.

Rapports et différences.—Le *Pl. Matheroni* diffère du *Pl. declivis* de l'Aquitanien et du Miocène inférieur et moyen par une taille un peu plus forte, des tours un peu plus nombreux et une face inférieure moins carénée.

Localités et niveau stratigraphique.—Calcaires de Cartaxo, un exemplaire muni de son test.—Pontique.

BITHINIA OVATA variété

Pl. I, fig. 23, 24

1848. *Bithinia ovata* Dunker, *Paleontographica,* t. 1, p. 159, pl. XXI, fig. 10–11.
1873.   »   »   Dunker, *in* Sandberger, *Land und Süssw. Conchyl.,* p. 560, pl. XXVIII, fig. 17–17ᵇ.
1891.   »   »   Dunker, *in* Maillard et Locard, *Mol. tert. Suisse.* 2ᵉ partie, p. 200, pl. X, fig. 13.

Coquille de petite taille, perforée à la base, légèrement ventrue. Tours au nombre de 4 à croissance régulière, devenant plus rapide avec le dernier, à profil convexe; dernier tour assez développé occupant les ³/₅ de la hauteur totale; sommet assez obtus; sutures bien accusées; ombilic réduit à une fente, masquée par le bord de l'ouverture; la bouche est légèrement anguleuse vers le haut, presque droite, ovalaire à bord tranchant légèrement épaissi et réfléchi. Test à peu près lisse.

---

[1] Loc. cit. ante, p. 19.

Dimensions

```
Hauteur totale ............................................... 6ᵐᵐ
Dernier tour ................................................. 3,5
Diamètre maxime ............................................. 5
```

Rapports et différences.—La forme que nous venons de décrire est représentée par deux exemplaires pourvus de leur test et en partie engagés dans la gangue, le premier se montrant du côté de la bouche (fig. 23), le second très bien dégagé du côté opposé. J'ai en outre sous les yeux un certain nombre d'autres types moins complets, et de moules internes de Cartaxo, qui appartiennent certainement à la même espèce.

Cette forme bien que ne différant pas beaucoup de *Bithinia ovata* s'en distingue par un certain nombre de caractères qui tendraient à en faire une espèce nouvelle, intermédiaire entre cette forme et la *Bithinia gracilis* var. *curta* Locard *(in* Maillard et Locard, *Mol. tert. Suisse,* p. 199, pl. X. fig. 7).

De taille un peu plus forte que *Bithinia ovata,* elle en diffère par ses sutures plus profondes et plus accusées, et par le renflement un peu plus grand de ses premiers tours.

La forme de la bouche et celle de la fente ombilicale sont identiques dans les exemplaires de la vallée du Tage et dans ceux de l'Allemagne du Sud.

Les tours, bien étagés et nettement distincts, rapprochent un peu notre forme de *Bithinia curta,* mais le dernier tour est relativement plus élevé.

Ces diverses considérations m'ont engagé, à ne pas multiplier les noms d'espèces nouvelles, et à rapporter à titre de variété, le type de la vallée du Tage à la *Bith. ovata* dont le niveau stratigraphique paraît assez bien concorder avec le nôtre.

Localités et niveau stratigraphique.—Calcaire de Cartaxo, Valle de Santarem, Asseiceira près Rio Maior.—Pontique.

BITHINIA GRACILIS Sandberger

Pl. I, fig. 25-25ᵃ

1873. *Bithinia gracilis* Sandberger, *Land und Süssw. Conchyl.,* pl. XXVIII, fig. 16-16ᵃ.
1893. »   »   var. *curta* Locard *in* Maillard et Locard, *Mol. tert. Suisse,* p. 199, pl. X, fig. 7.

Deux exemplaires munis de leur test semblent se rapprocher davantage de la figure donnée par Locard que de la figure de Sandberger. La spire est un peu plus courte que dans *B. gracilis,* type, et les tours moins étagés. Cependant elle n'a pas le raccourcissement extrême de la variété *curta* figurée dans le même travail.

Les tours sont moins renflés, et la coquille plus élancée que dans *Bithinia ovata;* les sutures sont plus profondes et les tours plus étagés et moins cylindriques.

Localités et niveau stratigraphique.—Calcaires de Cartaxo à Casal da Cevada près Aveiras de Baixo.

VIVIPARUS[1] af. VENTRICOSUS Sandberger

Pl. 1, fig. 26, 26ᵃ

1873. *Paludina ventricosa* Sandberger, *Land und Süssw. Conchyl.*, pl. XVII, fig. 2–2ᵃ, p. 709.

De même que la plupart des espèces du gisement de Cartaxo, les *Vivipares* sont à l'état de moules calcaires et par conséquent fort difficiles a identifier. J'ai pu étudier de cette localité trois échantillons qui semblent assez voisins de *Palud. ventricosa* Sandberger.

Cette espèce, dont le type provient des marnes du Pliocène inférieur d'Hauterive (Drôme) se rencontre aussi d'après ce savant dans les couches du Pliocène moyen d'eau douce des environs de Montpellier. Elle est caractérisée par des tours très convexes à suture peu accentuée, son ouverture ovale légèrement acuminée vers le haut, et par son dernier tour occupant presque la moitié de la hauteur de la spire.

Cette espèce a été retrouvée dans le bassin du Rhône à Sᵗᵉ-Foy-lez-Lyon par M. Depéret en compagnie de *Mastodon longirostris*, en échantillons munis de leur test et bien conformes aux exemplaires d'Hauterive. La présence de cette espèce dans le Miocène est ainsi nettement établie ; elle paraît donc avoir une assez grande extension stratigraphique.

Les exemplaires du Portugal, autant qu'il est possible d'en juger sur les moules internes, diffèrent du type par un renflement un peu plus considérable du troisième tour et par une bouche un peu plus arrondie.

Localités et niveau stratigraphique.—Calcaires de Cartaxo.—Pontique.

CYCLOSTOMA BISULCATOIDES nov. sp.

Pl. I, fig. 27, 27ᵃ, 27ᵇ

Diagnose.— *Coquille de taille assez petite, turbinée, ventrue, à sommet obtus, composée de quatre tours, à profil très convexe, à croissance assez rapide, surtout les deux derniers. Suture profonde, fente ombilicale large ; ouverture presque circulaire, à bord épaissi par de nombreuses lamelles d'accroissement mais sans véritable bourrelet.*

Test (conservé seulement sur les deux derniers tours) orné de nombreux cordons décurrents, assez fins, alternant régulièrement sur le troisième tour avec des cordons plus fins, qui finissent par devenir de la même grosseur que les cordons principaux sur le dernier tour. Ils recouvrent toute la coquille jusque dans le voisinage de la fente ombilicale. Quelques plis longitudinaux irréguliers et peu accentués viennent recouper cette ornementation sur le dernier tour. Opercule inconnu.

---

[1] J'emploie ici le nom de *Viviparus* Montfort, qui a ainsi que le fait remarquer M. Cossmann (in *Catal. illustré des coq. fossiles des environs de Paris*, appendice n° 3, p. 34) l'antériorité (1810) sur le nom de *Paludina* (Lamarck 1821) employé généralement ; le nom de *Vivipara* ayant une étymologie erronée doit aussi être abandonné.

Dimensions

Hauteur totale 13ᵐᵐ
Hauteur du dernier tour.................................... 6,5
Diamètre... 12

Rapports et différences.—Cette espèce appartient par sa forme générale, la hauteur peu considerable de son dernier tour, au groupe du *Cyclostoma antiquum* Brgnt,[1] comme le *Cycl. bisulcatum* Zieten[2] et le *Cycl. consobrinum*[3] Mayer.

Ces deux premières espèces appartiennent a l'Aquitanien du bassin de Paris et de la Bavière, la troisième se rencontre dans le Messinien ı et ıı de Suisse.

Le *Cycl. bisulcatoïdes* diffère du *Cycl. antiquum* par sa taille un peu moins grande, sa spire plus courte, ses tours s'accroissant plus rapidement.

Le *Cycl. bisulcatum,* est aussi de taille plus grande, et possède un galbe plus conoïde allongé, le dernier tour est proportionellement moins grand, le diamètre de la bouche plus grand, la fente ombilicale est moins développée, et enfin son ornementation est beaucoup plus fine et plus serrée.

Le *Cycl. consobrinum,* qui est plus élancé encore que les deux espèces précédentes, offre un bourrelet autour de la bouche qui ne s'observe pas dans l'espéce de la vallée du Tage.

Localités et niveau stratigraphique.—Trois exemplaires, dont un pourvu de son test, dans les calcaires de Cartaxo.—Moules internes de Aveiras de Baixo.—Etage Pontique.

?MELANIA sp.

Pl. I, fig. 28 et 29

Les calcaires de Cartaxo contiennent une petite *Melania* ornée de trois cordons longitudinaux qui paraît nouvelle: Les échantillons laissent malheureusement a désirer et je dois me borner à mentionner ce type en attendant de meilleurs exemplaires. Il n'a, je crois, encore été signalé aucune *Melania* dans le Pontique; ces formes étant surtout abondantes pendant l'Oligocène.

Caractéres paléontologiques de l'horizon des calcaires de Cartaxo (Etage Pontique)

La faune des calcaires de Cartaxo comprend 16 espèces dont quatre m'ont paru nouvelles.

Testacella Larteti Dupuy.	*Planorbis* gr. *de prœcorneus* F. et T.
Helix sp.	*Planorbis* af. *Mantelli* Dunker.
Helix Mendesi nov. sp.	*Planorbis Mariæ* Michaud.
Helix af. *sansaniensis* Dupuy.	*Planorbis Matheroni* F. et T.
Helix cartaxensis nov. sp.	*Bithinia ovata* Sandberger, variété.
?*Helix Torresi* nov. sp.	*Viviparus ventricosus* Sandb.
Limnœa heriacensis Fontannes.	*Cyclostoma bisulcatoïdes* nov. sp.
Limnœa gr. *de dilatata* Noulet.	*Melania* sp.

---

[1] Brongniart: *Annales du Museum d'Hist. Nat. de Paris,* t. xv, p. 305, pl. XXII, fig. 1, et Sandberger: *Land und Süssw. Conchyl.,* p. 411, pl. XXIII, fig. 28, 28ᵃ.

[2] Zieten: *Versteinerung Wurtemberg,* pl. XXX, fig. 6.

[3] Mayer in Sandberger: *Land. und Süssw. Conchyl.,* p. 606, pl. XXIX, fig. 33, 38ᵃ, *(excl. aliis)* et Locard et Maillard, *Mol. tert. Suisse,* p. 217, pl. XI, fig. 6.

Ces mollusques sont ordinairement en mauvais état de conservation et représentés par des moules internes.

Quelques espèces comme *Limnea heriacensis, Planorbis præcorneus, Pl. Matheroni*, sont caractéristiques de l'Etage Pontique de la vallée du Rhône; deux autres espèces *Testacella Larteti* et *Helix* af. *sansaniensis* n'ont encore été signalées que dans le Miocène inférieur du bassin de la Garonne; un certain nombre d'autres types tels que *Pl. Mantelli, Bithinia ovata* et *Viviparus ventricosus* se rencontrent dans tout le Miocène. Enfin quelques formes telles que *Pl. Mariæ* se rencontrent a la fois dans le Miocène supérieur et le Pliocène inférieur.

On voit donc, d'après cela, que la majeure partie de la faune a une signification nettement miocène, et que les rares types pliocènes, appartiennent aux termes les plus anciens de ce terrain, et préexistaient déjà d'ailleurs dans le Pontien.

Bien qu'il soit extrêmement difficile de séparer, à l'aide des mollusques terrestres et lacustres seuls, le Miocène supérieur du Pliocène ancien, ainsi que le fait remarquer à diverses reprises M. Depéret,[1] je crois cependant pouvoir affirmer que nous nous trouvons ici en présence d'un gisement du Miocène supérieur.

La position des calcaires de Cartaxo à très peu de distance au dessus des assises d'Archino, dont la faune est nettement pontique, est un argument de plus pour rattacher encore ces calcaires à cet étage.

Un certain nombre d'autres gisements appartiennent suivant M. Torres à ce même niveau, ce sont ceux des environs de Rio Maior (Asseiceira et Valle de Obidos) et ceux de Pernes; je ne mentionne pas ici spécialement les gisements de Casal da Cevada près Aveiras de Baixo et de Pontevel qui sont visiblement dans le prolongement réel des calcaires de Cartaxo et à une distance peu considérable.

Les environs de Rio Maior nous ont fourni:

Helix cartaxensis nov. sp.	*Planorbis præcorneus* F. et T.
Helix Delgadoi nov. sp.	*Bithinia ovata* Sandb.

Parmi ces quatre espèces, dont deux sont nouvelles, le *Pl. præcorneus* est représenté par de bons échantillons très typiques, ce qui permet de rattacher les calcaires de Rio Maior à ceux de Cartaxo. Mais il faut remarquer que dans cette région les calcaires de ce niveau vont reposer en transgression sur le Secondaire, sans intercallation de marnes d'Archino, ni même de calcaires blancs inférieurs (Oligocène).

Il est aussi intéressant de remarquer que l'*Helix Delgadoi* ainsi que je l'ai indiqué plus haut est le représentant dans le Miocène d'un groupe qui se retrouve aujourdhui surtout dans la région mediterrannéenne, et qui a disparu complétement de la faune actuelle du Portugal, tandis qu'il se mantient dans le Sud de l'Espagne.

IV.—HORIZON DES CALCAIRES DE SANTAREM

Au dessus des calcaires de Cartaxo qui couvrent comme on l'a vu d'énormes surfaces, sans avoir cependant une bien grande épaisseur, commence une assise de marnes bleues et jaunes que l'on observe très facilement dans les tranchées du Chemin de fer de l'Est, entre les stations de Reguengo et Setil et en particulier à la gare même de Setil.

---

[1] Delafond et Depéret: *Terrains tertiaires de la Bresse.*—Depéret et Sayn: *Monographie de la faune fluvio-lacustre de Cucuron* (Ann. Soc. Lin. de Lyon, 1900).—Depéret et Guebhard: *Sur l'âge des Labradorites de Biot* (Bul. Soc. Géol. de France, 4e série, t. II, 1902).

En ce point les calcaires de Cartaxo existent à quelques mètres au-dessous du niveau de la gare et se montrent à très peu de distance de là dans la première tranchée du chemin de fer au delà de Setil en venant de Lisbonne.

Les marnes reposent en concordance sur ces calcaires et sont entaillés sur une assez grande hauteur; elles n'ont pas encore fourni de débris organiques.

Au-dessus des marnes, et les ravinant, s'observent des sables blancs ou blanc-jaunâtres, qui sont entaillés par les tranchés du chemin de fer entre la gare de Reguengo et celle de Setil. Ces ravinements sont extrêmement nets et peuvent se constater même en passant rapidement en chemin de fer.

A Valle de Santarem les calcaires de Cartaxo reparaissent sous les sables pour disparaître définitivement au delà de la rivière.

Cet horizon sableux n'a pas non plus jusqu'à ce jour fourni de débris fossiles.

A Santarem, au sommet de la colline qui porte la ville, les calcaires peu épais, viennent reposer sur les sables de Setil. Nous les désignerons pour la facilité de la description sous le nom de *Calcaires de Santarem*.

Les calcaires de Santarem sont assez développés autour de la ville et ont fourni d'assez nombreux restes de mollusques surtout au voisinage du cimetière. Quelques bancs marneux intercalés renferment des exemplaires en bon état de conservation.

GLANDINA AQUENSIS Matheron

(Pour la synonymie voir plus haut, p. 11)

Il est bien difficile de saisir une différence entre les *Glandines* du calcaire de Pernes et celles de Santarem qui sont aussi bien conservées et pourvues de leur test. Les rapports entre les échantillons des deux localités sont si grands que je n'ai pas pensé utile de figurer celles de Santarem dans la planche qui accompagne ce travail. Cependant pour que l'on puisse s'en faire une idée je donne ici une figure au trait d'après ces exemplaires.

Fig. 2. *Glandina aquensis* Matheron
des calcaires de Santarem (grand. nat.)

La spire est assez courte, et les exemplaires de grande taille montrent des sutures un peu moins obliques, ce qui rend la coquille légèrement plus obtuse que celle de Pernes. L'ornementation est peut-être aussi un peu plus accusée mais ces caractères sont trop fugaces pour que nous puissions songer a les séparer même à titre de simple variété.

Gisement et niveau stratigraphique.—Calcaires de Santarem. Base du Pliocène.

HELIX sp.

Quelques moules internes d'*Helix* ont été recueillis dans ce même niveau, mais ils sont indéterminables. Ils semblent appartenir a deux espèces distinctes; l'une d'elles par sa forme très surbaissée paraît voisine de l'espèce des calcaires de Pernes qui a été décrite plus haut sous le nom de d'*Helix Torresi*.

LIMNÆA BOUILLETI Michaud

Pl. I, fig. 30, 30ᵃ, 31

1854. *Limnæa Bouilleti* Michaud, *Descript. des coq. foss. d'Hauterive,*[1] pl. IV, fig. 7–8.
1876.   »   »   Michaud, id., 2ᵉ edition, p. 24, pl. V, fig. 7–8.

Je figure ici deux exemplaires d'une *Limnée* en bon état de conservation dont les caractères se rapprochent beaucoup de l'espèce du Pliocène inférieur d'Hauterive.

L. Bouilleti se reconnaît facilement a sa spire très allongée et effilée, couverte de stries longitudinales, formée de 8 tours convexes a suture très oblique.

L'ouverture est assez étroite et relativement courte, ovale allongée à columelle effilée et un peu oblique.

Rapports et différences.—*L. Bouilleti*, suivant Michaud, rappelle un peu la forme de *L. longiscata* de l'Eocène supérieur et de la base de l'Oligocène, dont elle diffère par des tours plus allongés, et plus effilés, et en outre par une série de lignes d'accroissement peu marquées.

Dans le Miocène supérieur de la Suisse, Maillard a décrit une *Limnée* du même groupe *L. Jaccardi (Mol. ter. et fluv. de Suisse,* p. 199, pl. VI, fig. 25–26) de taille un peu plus petite et surtout un peu plus renflée.

L. heriacensis Fontannes (Vallon de la Fuly, Et. I, 1875, pl. I, fig. 8) est aussi une espèce très voisine dont il est difficile de discerner les caractères différentiels, lorsque les échantillons ne sont pas parfaits; elle paraît surtout différer par des tours plus convexes a suture un peu moins oblique.

Localités et niveau stratigraphique.—Trois échantillons des calcaires de Santarem.—Base du Pliocène inférieur.

---

[1] Loc. cit. ante voir, p. 11.

LIMNÆA af. CUCURONENSIS Font.

Pl. I, fig. 32, 32ᵃ

1878. *Limnæa cucuronensis* Fontannes, *Les terrains néogènes du Plateau de Cucuron,*[1] p. 96, pl. II, fig. 9ᵃ, 9ᵇ.
1900. » » Font., *in* Depéret et Sayn, *Mioc. sup. de Cucuron,*[2] p. 12, pl. I, fig. 43–45.

Plusieurs *Limnées* du groupe de *L. ovata* ont été décrites dans le Miocène et le Pliocène, et sont assez difficiles a séparer les unes des autres: *L. cucuronensis* est celle que se rapproche le plus de la forme de la vallée du Tage.

C'est une espéce de petite taille, à dernier tour assez grand, mais peu renflé, a spire relativement longue et effilée formée de tours renflés et bien détachés les uns des autres. La bouche presque ovalaire, présente un bord presque droit et se dilate seulement vers la partie inférieure.

Rapports et différences.—L'échantillon unique de Santarem différe des caractéres énoncés si-dessus, par une spire légèrement plus courte, mais moins réduite cependant que dans *L. Deydieri* Font.,[3] par une bouche plus dilatée un peu anguleuse vers le haut, mais cependant moins élargie que dans *L. Deydieri*; le bord n'est pas non plus évasé comme dans cette dernière. Il semble que nous avons affaire ici à un véritable terme de passage entre ces deux espéces.

Limnæa geniesensis Font.[4] du Pliocène du Gard, différe surtout par sa bouche un peu plus étroite et plus allongée, et sa spire un peu plus courte.

Localités et niveau stratigraphique.—Calcaires marneux de Santarem. Base du Pliocène inférieur.

PLANORBIS (HEMISOMA) af. THIOLLIEREI Michaud

Pl. I, fig. 33, 33ᵃ, 33ᵇ

1854. *Planorbis Thiollierei* Michaud, *Description des coq. foss. d'Hauterive,* pl. IV, fig. 9–10.
1876. » » Michaud, id., 2ᵉ édition, p. 23, pl. IV, fig. 9–11.
1893. » » Michaud, *in* Depéret, *Ter. tertiaire de la Bresse,*[5] p. 75, pl. VII, fig. 61–63.

J'ai déjà indiqué a propos du *Pl. præcorneus* F. et T. les affinités de la forme miocène avec le *Pl. Thiollierei* (voir p. 19). Ces deux espèces très voisines, différent surtout l'une de l'autre, par des tours plus élevés chez ce dernier, un ombilic plus profond et une carène assez forte à la base du tour.

Ces caractères se retrouvent, bien qu'à un degré un peu moindre, dans les Planorbes de Santarem qui ont conservé tout leur test. L'échantillon figuré est surtout remarquable par l'élévation de ses tours, mais la carène basale est un peu moins accentuée. Les autres exemplaires sont un peu moins élevés; nous sommes ici évidement en présence d'un terme de passage entre les deux espé-

---

[1] Fontannes: *Études stratigraphiques,* IV, 1878.
[2] Loc. cit. ante, p. 12.
[3] Fontannes: *Études stratigr.—Plateau de Cucuron,* IV, p. 97, pl. II, fig. 10.
[4] Fontannes: *Diagnose d'espèces et de variétés nouvelles des terrains tertiaires du Bassin du Rhône,* 1883, 1 pl. photographiée, p. 6, pl. I, fig. 6.
[5] Delafond et Depéret: *Description des terrains tertiaires de la Bresse* (Mémoires pour servir à l'explication de la carte géologique détaillée de la France. Paris, Imp. Nationale, 1893).

ces, mais dont les différenciations sont trop peu importantes pour qu'il soit possible de donner un nom nouveau à cette forme.

Localités et niveau stratigraphique.—Assez abondante dans les calcaires de Santarem, cette espèce a une assez grande importance au point de vue du niveau de ces calcaires. La tendance de cette forme vers les espèces franchement pliocènes et d'autre part les rapports qui existent avec la forme miocène du même groupe, nous engagent à considérer ce niveau comme tout a fait intermédiaire entre le Pontique supérieur et la base du Pliocène. Je pencherai cependant plus volontiers vers la localisation des calcaires de Santarem à l'extrême base du Pliocène.

BITHINIA af. TENTACULATA Linné

Pl. I, fig. 34, 34ᵃ

1758. *Helix tentaculata* Linné, *Systema Naturæ*, édition x, p. 774
1862. *Paludina tentaculata* L., *in* Michaud, *Descr. des coq. fossiles d'Hauterive*, p. 26, pl. IV, fig. 15.
1873. *Bithinia tentaculata* Lin., *in* Sandberger, *Land und Süssw. Conchyl.*, pl. XXVII, fig. 3, 3ᵇ, p. 709.

Cette espèce est assez abondante dans les calcaires et les marnes intercalées à Santarem; les échantillons de cette localité sont extrémement voisins de la forme du Pliocène inférieur d'Hauterive, tant par leur taille que par le renflement assez caractérisque de l'avant-dernier tour.

La spire est un peu moins acuminée que dans les échantillons actuels et quaternaires.

Rapports et différences.—Cette espèce diffère nettement des formes du Miocène supérieur telles que *Bith. gracilis* Sandberger *(Land und Süssw. Conchyl.*, pl. XVIII, fig. 16–16ᵃ et Maillard et Locard, *Mol. tert. Suisse*, p. 197, pl. X, fig. 5) par le galbe moins élancé de ses tours et sa croissance plus rapide.

Bithinia Leberonensis Fisch et Tourn. *(Inv. du Léberon*, pl. XXI, fig. 1–2, p. 156, et Depéret et Sayn, *Mioc. de Cucuron*, pl. I, fig. 56–60) est un peu plus petite, et possède un avant dernier tour encore plus renflé; en outre le dernier tour est un peu plus grand proportionnellement.

Localités et niveau stratigraphique.—Calcaires de Santarem. Base du Pliocène inférieur.

Caractères paléontologiques de l'horizon des calcaires de Santarem

Dans les pages qui précèdent six espèces ont été décrites, dont aucune ne paraît nouvelle, ce sont:

Glandina aquensis Matheron.	*Limnæa* af. *cucuronensis* Fontannes.
Helix sp.	*Planorbis* af. *Thiollierei* Michaud.
Limnæa Bouilleti Michaud.	*Bithinia* af. *tentaculata* Lin.

Une seule, *Glandina aquensis*, existe déjà dans les calcaires de Cartaxo, les autres se rencontrent dans d'autres gisements, a la fois à la partie supérieure de l'étage Pontique et dans le Pliocène inférieur. Il est donc bien difficile d'indiquer d'une façon absolue, à l'aide de ces seuls documents, l'âge certain de ces assises. La seule découverte qui pourrait trancher définitivement la question serait la trouvaille de débris de vertébrés. En l'absence de cette donnée les raisons que l'on peut invoquer en faveur du rattachement des calcaires de Santarem à la partie tout-à-fait terminale du Miocène ou la base du Pliocène sont bien précaires.

Cependant, en considérant que les calcaires de Santarem sont separés des calcaires de Cartaxo, qui représentent déjà un niveau élevé du Pontique, par une assez epaisse série de sédiments, et qu'il existe en outre un ravinement postérieur au depôt des marnes bleues de Setil, superposés au calcaire de Cartaxo, je me range assez volontiers à l'opinion qui consiste à considérer ces calcaires comme appartenant au Pliocène. Je ferai toutefois remarquer que la tendance des divers mollusques à se rapprocher des formes miocènes indique que l'on se trouve en présence d'un niveau relativement peu élevé du Pliocène; et je crois être assez près de la vérité en rattachant les calcaires de Santarem à la base de l'étage Plaisancien.

L'avenir nous réserve-t-il la confirmation de cette hypothèse? Nous ne serons certain de l'âge de ces assises que lors de la découverte d'une faune de Vertébrés terrestres dans l'un ou l'autre de ces niveaux supérieurs.

II.—Lambeaux isolés au Nord du Tage

I.—RÉGION D'ALMARGEM (PALMEIROS, QUINTANELLAS)

Au Nord de la Serra de Cintra, c'est-à-dire au N.O. de Lisbonne, on rencontre encore quelques lambeaux isolés de Miocène.

Ce sont des calcaires blancs, marins à la base et continentaux au sommet, ils reposent en discordance sur le conglomérat basaltique désigné sous le nom de conglomérat de Bemfica aux environs immédiats de Lisbonne. Cette formation caillouteuse se prolonge jusqu'aux environs de Cortegaça et de Quintanellas en conservant les mêmes caractères. Les conglomerats de Bemfica dont l'âge est encore incertain, ont été provisoirement rattachés a l'Oligocène, par les savants géolognes du Service géologique du Portugal.

Les premières assises calcaires renferment quelques fossiles marins souvent à l'état de moulage externe, mais parfaitement reconnaissables.

J'ai pu recueillir, moi-même, sur les talus du chemin de fer de Torres Vedras, près de Quintanellas, quelques moules externes de *Potamides papaveraceus* Bast.; M. Cotter m'a en outre communiqué de ce même point un *Turritella Crossei* Costa.

Les échantillons de *Potamides* sont nettement caractérisés par une spire régulièrement conique, à croissance relativement peu rapide, ornée sur chaque tour de 3 rangées de tubercules inégaux, les rangées inférieure et supérieure étant beaucoup plus volumineuses que la rangée médiane. Cette espèce se rapporte sans hésitation au *Ptychopotamides papaveraceus* Bast.; les exemplaires de Quintanellas sont identiques à ceux du Bassin de Bordeaux.

L'exemplaire de *Turritella Crossei* Costa (*Planches de mol. tert. de Portugal*, éditées par Dollfus, Cotter et Gomes, pl. XXX, fig. 6ª, 6ᵇ) qui m'a été communiqué par M. Cotter, est identique à la figure originale, malheureusement la diagnose est fort insuffisante et il n'est nullement fait mention de rapports et différences. La même espèce se retrouve, suivant les auteurs de la légende des planches, à Bordeaux, probablement dans le Burdigalien. A Lisbonne elle caractérise le Burdigalien de Forno do Tijolo.

Ces espèces se rencontrent suivant M. Cotter[1] toutes deux dans le Miocène des environs de Lisbonne. Il a eu l'occasion de citer *Pot. papaveraceus* à plusieurs reprises dans son *Esquisse du Miocène marin portugais;* il l'a rencontrée:

---

[1] Renseignements donnés par lettre.

1° dans la zône supérieure des sables fins à *Pecten pseudo-Pandoræ* appartenant au Burdigalien moyen (zône des grès calcaires à fossiles spathiques) où cette espèce est associée à des *Turritelles (Tur. Crossei, Tur. terebralis,* etc., et nombreuses *Protoma) (*p. 6).

2° dans l'assise IV[b] du Burdigalien supérieur. sables et mollasse sableuse à *O. crassissima* de Quinta do Bacalhau (p. 9).

3° dans le niveau V de l'Helvétien inférieur, mollasse calcaire et grès a *P. scabrellus* de Casal Vistoso (p. 12).

4° dans le Tortonien de l'Algarve (Cacella) (p. 42).

Cette espèce n'a donc pas plus de valeur stratigraphique en Portugal que dans d'autres régions.

Cependant M. Cotter incline à voir dans les couches de Quintanellas l'équivalent de la partie moyenne du Burdigalien moyen. Voici du reste l'opinion de ce savant dans son *Esquisse géologique:*[1] «A 20 kilomètres au N. O. de Lisbonne entre Ollelas et Quintanellas sur la droite du chemin de fer de l'Ouest, se trouve un petit lambeau de molasse marine, en contact avec le conglomérat de Bemfica sur le niveau duquel nous ne pouvons nous prononcer définitivement. Il se peut qu'il soit synchronique des couches de Prazeres, ou plutôt qu'il appartienne déjà à cette seconde division de notre Burdigalien dont il vient d'être question.»

A quelques renseignements complémentaires, que je demandais, M. Cotter répondit par une lettre très documentée dont j'extrais le principal passage:

«Je n'ai pas de motif pour changer d'avis puisque le gisement de fossiles marins de Quintanellas, a de grandes analogies, fauniques et pétrographiques avec la bande de grès calcaire à fossiles spathiques qui forme le toit de la division II au N. E. de Lisbonne à partir par exemple d'Ameixoeira par Friellas et Boa Vista jusqu'à Povoa de Sta Iria, et au delà où la division I de mon tableau n'est pas représentée.»

M. Cotter ajoutait en outre, qu'il avait été trouvé à 2 kilomètres à l'E. N. E. de Quintanellas, dans des couches marines, très probablement de la même époque, des *Huîtres* qui se rencontrent plus ordinairement dans l'Helvétien inférieur de Lisbonne.

Quelques temps après, une nouvelle lettre, venait modifier les premières conclusions de M. Cotter. Il m'annonçait la découverte dans les couches à *C. papaveraceum* de Quintanellas de quelques valves d'*Ostrea sacellus* Duj. (groupe de l'*O. Forskalii* Chemn.) qu'il avait aussi trouvé a Almargem. Or ces valves se rencontrent dans les localités types du Miocène portugais avec *O. crassissima* et *O. gingensis* et caractérisent la division V du tableau annexé à l'*Esquisse géologique* c'est-à-dire l'Helvétien inférieur.

Il en résulte que les assises continentales légèrement supérieures à l'Helvétien inférieur sont un peu plus récentes que ne le supposait primitivement le savant paléontologiste portugais.

J'admettrai donc les conclusions de M. Cotter, tout en faisant remarquer, que la transgression marine n'a pas commencé aussitôt sur ce point que dans les environs de Lisbonne, et que ce n'est que l'extrême bord de lagunes saumâtres qui a pu parvenir jusqu'à Quintanellas pendant le Burdigalien supérieur ou l'Helvétien inférieur. Enfin ces lagunes ont définitivement disparu très probablement après l'Helvétien inférieur, pour faire place à une nappe lacustre dont les témoins sont assez restreints et dans laquelle les apports continentaux étaient fréquents. On peut aussi penser que les assises marines de Quintanellas se sont déposées en même temps que les couches à Huîtres de la région d'Azambuja (Pyr. de Pombas et Matão).

---

[1] P. 7.

Faune des calcaires de Quintanellas

LIMNÆA gr. de Larteti?

1854. *Limnæa Larteti* Noulet, *Mémoire sur les coq. d'eau douce du midi de la France*, p. 106.
1868. » *pachygaster* var. *Larteti*, Noulet, *Mém.* etc., 2e ed., p. 168.
1880. » *Larteti* Noulet., *in* Bourguignat, *Malac. col. de Sansan*, p. 115, pl. 31, fig. 197.

Les *Limnées* du lambeau de Cortegaça sont peu déterminables, étant donné leur mauvais état de conservation. Elles paraissent se rapporter au groupe de *L. Larteti*. Les calcaires de Fontanellas renferment aussi quelques débris de *Limnées* du même groupe.

Localités et niveau stratigraphique.—Calcaire de Cortegaça. Helvétien inférieur.

PLANORBIS af. MANTELLI Dunker

(Pour la synonymie, voir plus haut, p. 20)

Deux échantillons incomplets proviennent du calcaire de Quintanellas et appartiennent très certainement par leur tours assez nombreux, la hauteur médiocre de leur coquille, au groupe de *Pl. Mantelli*. Ils montrent les plissements du test signalés par Locard comme caractéristique de cette espèce.

Localités et niveau stratigraphique.—Calcaires de Quintanellas. Helvétien inférieur.

PLANORBIS PRÆCORNEUS F. et S.

(Voir plus haut la synonymie, p. 19)

Deux exemplaires conformes au type de Cucuron à tours assez haut et légèrement carénés en dessous.

Localités et niveau stratigraphique.—Calcaires de Quintanellas. Helvétien inférieur.

PLANORBIS SANSANIENSIS Noulet

1854. *Planorbis sansaniensis* Noulet, *Mém. sur les coq. foss. du midi de la France*, p. 101.
1868. » » Noulet, *id.*, 2e éd., p. 162.
1873. » » Noulet., *in* Sandberger, *Land und Süssw. Conchyl.*, p. 544.
1880. » » Noulet, *in* Bourguignat, *Malac. col. Sansan*, p. 128, pl. 32, fig. 216-218.

Je crois pouvoir rapporter à cette espèce un échantillon un peu moins élevé que le *Pl. præcor-neus*, à concavité ombilicale assez profonde, et à tours légèrement carénés à la base, et dont la caréne est très rapprochée de l'ombilic. Cette forme est du reste très voisine du *Pl. præcorneus* et il faut certainement la considérer comme descendant du groupe du *Pl. cornu.*

Localités et niveau stratigraphique.—Calcaires de Cortegaça. Helvétien inférieur.

HELIX COTTERI nov. sp.

Pl. I, fig. 35, 35ᵃ, 35ᵇ, 35ᶜ

Diagnose.— *Coquille de taille moyenne, de forme hémisphérique, à spire assez élevée, à sommet obtus, mamillaire, à face inférieure convexe, ombilic nul; composée de 5 tours convexes bien étagés, à suture peu accentuée dans les tours jeunes, devenant plus profonde entre les derniers tours, le dernier occupant les deux tiers de la hauteur totale et descendant brusquement vers la bouche.*

Bouche ovalaire allongée, légèrement rétrécie, à péristome interrompu, faiblement réfléchi; bord columellaire épaissi.

Cette nouvelle espèce d'*Helix*, que je propose de dédier à M. Berkeley Cotter, le savant explorateur du Miocène portugais, s'éloigne beaucoup de toutes les espèces connues.

Par sa forme générale, assez élevée, elle rappelle un peu les formes du groupe de l'*H. geniculata* Sandberger,[1] de l'Helvétien suisse, mais elle en diffère nettement par la forme de sa bouche très allongée rétrécie, beaucoup plus étroite que large et de forme presque quadrilatérale. Le bord externe seul est légèrement réfléchi.

L'ornementation de cette espèce, dont j'ai pu étudier un échantillon en bon état de conservation ne paraît pas avoir été très accentuée, mais il est possible que la surface ait été légèrement striée. Ce dernier caractère a disparu sur les specimens qui m'ont été communiqués. Le type, qui appartient au Service géologique du Portugal depuis de longues années, a certainement été traité à l'acide, ce qui a sans doute fait disparaître une bonne partie de l'ornementation.

Il n'y a pas de fente ombilicale dans cette espèce.

Localités et niveau stratigraphique.—Deux exemplaires munis de leur test de Palmeiros.—Helvétien inférieur.

HELIX QUINTANELLENSIS nov. sp.

Pl. I, fig. 36, 36ᵃ, 36ᵇ, 36ᶜ, 37

Diagnose.— *Coquille de taille moyenne, à test assez épais, à spire peu élevée, à sommet très obtus, à face inférieure convexe, ombilic nul; composée de quatre tours convexes, à suture très peu accentuée, à croissance assez rapide; le dernier tour occupe à lui seul à peu près les ³/₄ de la hauteur totale. Le dernier tour s'élargit sensiblement, et la suture atteint la bouche sans s'abaisser.*

Bouche arrondie, plus haute que large, à péristome interrompu, non réfléchi, à bord columellaire épaissi, arrondi. Surface de la coquille lisse, ou n'offrant que de très faibles lignes d'accroissement.

Les exemplaires de cette espèce sont assez fréquents dans les calcaires de Quintanellas, mais ordinairement a l'état de moules internes. J'ai basé la diagnose sur trois exemplaires en bon état de conservation, pourvu de leur test complet; le bord du labre seul est un peu endommagé.

Cette espèce est très remarquable par son enroulement assez rapide, et sa forme générale très globuleuse.

---

[1] *Land und Süssw. Conchyl.,* pl. XXVI, fig. 23.

Les tours ne sont pas étagés et se raccordent insensiblement de l'un à l'autre par une suture linéaire très peu profonde.

La bouche, bien qu'incomplète sur les échantillons que j'ai eu entre les mains, a conservé une portion suffisante de son contour, pour qu'il soit possible d'affirmer que le péristome n'était pas réfléchi. Le bord columellaire, assez épaissi forme une courbe très régulière, à concavité dirigée vers le bas.

Rapports et différences.—Par ses caractères généraux, cette espèce ressemble beaucoup à la forme qui a été décrite sous le nom de *H. cartaxensis* (v. plus haut p. 14). C'est le même mode d'enroulement, mais des différences très nettes permettent facilement de les séparer:

La bouche est plus haute que large chez *H. quintanellensis,* tandis qu'elle est plus allongée transversalement dans *H. cartaxensis.* Le bord columellaire est convexe, tandis qu'il est presque rectiligne dans la forme de Cartaxo. Enfin le dernier tour est un peu plus large dans l'*H. quintanellensis,* ce qui lui donne un contour nettement circulaire au lieu d'être elliptique comme dans *H. cartaxensis.*

Ce dernier caractère, très apparent dans les échantillons examinés, ne peut être le fait d'une déformation accidentelle, puisqu'elle se reproduit identiquement chez tous les exemplaires que j'ai eu entre les mains.

En résumé ces deux espèces appartiennent à un groupe de formes dont nous ne connaissons que peu de représentants. J'ai déjà indiqué le rapprochement possible des espèces de ce groupe avec *H. olla* de l'Eocène supérieur; peut être y aurait il lieu de créer pour ces formes une nouvelle section dans le genre *Helix.*

Localités et niveau stratigraphique.—Calcaire de Quintanellas près Bellas (localité indiquée sur les cartes sous le nom de Fontanellas).— Helvétien inférieur.

HELIX (CARACOLINA) PRÆLUSITANICA nov. sp.

Pl. I, fig. 38, 38ᵃ, 38ᵇ, 38ᶜ

Diagnose.— *Coquille discoïde, légèrement convexe, non carénée arrondie en dessus, composée de six tours à croissance lente, à ombilic profond, échancré par l'insertion du bord columellaire. Suture nettement indiquée, mais peu profonde, tours étroits, le dernier légèrement arrondi à sa partie supérieure, moins convexe sur la face inférieure.*

Ouverture assez large, un peu oblique, à péristome discontinu, épaissi, assez régulièrement arrondi, légèrement réfléchi. En arrière du péristome existe un sillon assez profond formant un rétrécissement suivi par un bourrelet assez net.

Test orné de fortes stries dirigées obliquement en arrière très accentuées sur la face supérieure de la coquille, beaucoup moins sur la face inférieure.

Cette espèce dont je n'ai entre les mains que quatre spécimens en bon état de conservation, a été rencontrée dans les calcaires de Quintanellas.

Rapports et différences.—Cette espèce est très remarquable par sa ressemblance avec l'*H. lusitanica* [1] Pfeif. actuellement très abondante dans tout le Portugal. Cette forme tout à fait particulière à la faune portugaise [2] doit certainement descendre de notre forme miocène. Je propose donc pour rappeler cette origine de donner à cette dernière le nom de *H. prælusitanica.*

---

[1] *H. lusitanica* Pfeif. figurée pour la première fois par Morelet in *Description des mollusques terrestres et fluviatiles du Portugal*, Paris, 1845, p. 55, pl. VI, fig. 1.

[2] Locard: *Conchyliologie portugaise*, Annales du Museum de Lyon, vol. VII, 1899, p. 80.

Les différences entre la forme fossile et la forme actuelle sont néanmoins assez importantes pour qu'il y ait lieu de créer une espèce distincte. Les échantillons miocènes n'atteignent pas la dimension de la forme actuelle (11 mil. de diamètre, tandis que chez *H. lusitanica* le diamètre varie entre 13,5 et 17,5 suivant Locard).

La face supérieure de l'*H. prælusitanica* est moins surbaissée que dans l'espèce actuelle, il n'y a pas trace de la carène déjà bien atténuée de l'*H. Lusitanica*.

L'ornementation est plus grossière et le péristome moins sinueux dans la forme miocène; l'ombilic est par contre à peu près de même dimension; les sutures sont peut être aussi un peu moins profondes.

Je rapporterai encore à cette espèce un échantillon muni de son test mais dont la bouche n'est pas conservée, qui provient de Carregueiro à 2,5 kil. à l'O. de Thomar. Il s'agit probablement là, d'un autre niveau stratigraphique, peut être plus élevé; mais l'échantillon unique de ce point est insuffisant pour affirmer en toute certitude que l'espèce se retrouve dans le Miocène supérieur.

Je rattache cette espèce à la section *Caracolina* ainsi que le fait Pœtel dans son catalogue pour l'*H. lusitanica*.

Localités et niveau stratigraphique.—Quintanellas, Palmeiros.—Helvétien inférieur.

HELIX nov. sp.

Pl. I, fig. 39, 39ᵃ, 39ᵇ, 39ᶜ

Je ne crois pas devoir donner de nom nouveau à cette espèce qui n'est représentée que par un seul échantillon pourvu de son test, mais légèrement déformé, et à bouche incomplète. Je suis cependant à peu près certain qu'il s'agit d'une forme nouvelle méritant une description spéciale. J'ai cru utile de figurer l'échantillon unique que j'ai entre les mains en attendant de nouvelles découvertes.

Voici la diagnose telle qu'elle peut été établie à l'aide de cet échantillon:

Coquille de petite taille déprimée, ombiliquée, à spire composée de cinq tours et demi, s'accroissant d'une façon très régulière, et peu rapidement; sommet légèrement conique.

Le dernier tour s'accroit beaucoup plus rapidement que les autres; il est légèrement convexe à sa partie supérieure, et à courbure plus accentuée sur sa face inférieure.

Bouche très oblique, circulaire, à peine allongée dans le sens transversal, et tournée vers la face inférieure. Péristome continu légèrement réfléchi, empiétant sur l'ombilic; le bord columellaire formant un angle très accentué à partir de l'ombilic.

Surface de la coquille lisse.

Rapports et différences.—Cette espèce dont la bouche est malheureusement incomplète, ne ressemble à aucune forme décrite dans le Miocène. La seule espèce qui peut avoir quelque rapport est l'*H. sublenticulata* Sandberger[1] dont elle diffère nettement par l'absence de carène.

Cette espèce à été rattachée au groupe des *Gonostoma*; c'est probablement aussi à cette même section qu'appartient notre espèce.

---

[1] *Land und Süssw. Conchyl.*, p. 379, pl. XXII, fig. 20.

TUDORA af. LARTETI Noulet

Pl. I, fig. 40, 40ᵃ

1864. *Cyclostoma Larteti* Noulet, *Mém. sur les Coq. fossiles du Midi de la France*, p. 113.
1868.   »   »   Noulet, 2ᵉ édition, p. 179.
1873. *Tudora Larteti* Noulet, *in* Sandberger, *Land und Süssw. Conchyl.*, pl. XXIX, fig. 35-35ᵇ, p. 618.
1880. *Cyclostoma Larteti* Noulet, *in* Bourguignat, *Malac. de la col. de Sansan*, p. 146, pl. 33, fig. 291-293.
1891. *Tudora Larteti* Noulet, *in* Maillard et Locard, *Monogr. des Mol. tert. de la Suisse*, p. 219, pl. X, fig. 21.

Deux échantillons munis de leur test ont été recueillis aux environs de Palmeiros, deux autres de taille un peu moindre proviennent de Quintanellas; un seul échantillon de Quintanellas possède la bouche entière, c'est celui que nous figurons.

Les exemplaires du Portugal sont très voisins de *Cycl. Larteti* Noulet, tel qu'il a été compris par Sandberger, qui en a donné, la première figuration d'après des échantillons communiqués par Noulet. Bourguignat s'est borné à reproduire de la figure de Sandberger.

Cette espèce a en outre été décrite de nouveau et figurée par Maillard d'après des échantillons du Tortonien des environs de Zurich et de Bâle, qui paraissent bien conformes au type de Sansan.

Tudora Larteti est caractérisé par six tours à profil peu convexe, les premiers à croissance assez lente, les derniers se développant plus rapidement, et à profil plus arrondi. Le dernier tour légèrement déjeté, est séparé des précédents par une suture plus profonde, et offre un profil presque circulaire. La bouche ovalaire, plus haute que large, bien arrondie vers la base, est anguleuse vers le haut; le péristome est continu et à peine évasé. Le test est orné d'une série de cordons décurrents fins et réguliers au nombre de 14 sur l'avant dernier tour.

Cette espèce a été rapportée par Sandberger au genre *Tudora*, mais les caractères qui permettent de distinguer ce sous-genre étant basés sur l'opercule, inconnu dans l'espèce présente, il est fort difficile d'affirmer que cette espèce appartient bien à ce groupe de *Cyclostomidés*. Suivant Maillard et Locard qui ont maintenu ce genre, cette assimilation ne porterait que sur la forme de l'ouverture légèrement anguleuse vers le haut au lieu d'être complètement circulaire comme dans les vrais *Cyclostomes*.

Rapports et différences.—Un certain nombre d'espèces de ce groupe, ont été signalées dans le Miocène et le Pliocène, mais diffèrent assez nettement de notre espèce: Dans l'Helvétien de Touraine on rencontre *Tudora sepulta* Ranbur,[1] espèce de plus petite taille, à sutures plus profondes et à tours plus arrondis et plus nettement détachés, l'avant dernier n'offrant pas le ressaut rapide qui caractérise la forme du Portugal.

Dans le Tortonien d'Aix-en-Provence, Matheron a décrit le *Cyclostoma Draparnaudi*[2] qui atteint la même taille que l'espèce du Portugal, il en diffère par sa spire plus allongée, ses sutures plus profondes, ses tours plus renflés. La bouche n'est pas représentée dans la figure de Matheron qui est dessinée d'après des moules internes. J'ai pu comparer la forme du Portugal avec des exemplaires de Mirabeau près Aix, qui possèdent leur test complet et appartiennent incontestablement à l'espèce de Matheron. La bouche paraît un peu plus circulaire et moins anguleuse vers le haut dans le type de la vallée du Rhône.

Cette même espèce, représentée par sa variété *minor*, a été signalée par MM. Depéret et Sayn

---

[1] *Journal de Conchyliologie*, t. x, p. 179, pl. VIII, fig. 7-8.
[2] Matheron: *Catal. méthodique*, pl. 35, fig. 22-24.

dans le Miocène de Cucuron.[1] Cette variété se distingue par une spire relativement plus courte, et une sculpture plus accusée.

Enfin dans le Pliocène, ce même groupe est représenté à Hauterive (Drôme) par *Tudora Baudoni* Michaud.[2] Cette espèce de taille un peu plus petite, à sculpture bien plus accentuée, se distingue par ses sutures bien plus profondes, sa spire plus courte, et sa bouche plus arrondie.

Localités et niveau stratigraphique.—Quintanellas, Palmeiros.—Helvétien inférieur.

Caractéres paléontologiques de la Faune des calcaires d'eau douce de la région d'Almargen

On a vu plus haut (v. p. 30) les indications paléontologiques données par la faune marine de cette région; et nous avons été conduit à conclure avec M. Cotter à l'âge Miocène inférieur de cette faune (Burdigalien). Les assises calcaires renfermant les mollusques terrestres et d'eau douce peuvent appartenir à la base de l'Helvétien.

Cette faune se compose d'une espèce de *Limnée* malheureusement peu déterminable et se rapprochant de *L. Larteti*, de trois Planorbes:

> *Pl.* af. *Mantelli* Dunker.
> *Pl. præcorneus* Fischer et Tournouër.
> *Pl. sansaniensis* Noulet

de caractère franchement Helvétien.

J'ai décrit en outre quatre Helix nouvelles.

> *Helix Cotteri* nov. sp.   *Helix prælusitanica* nov. sp.
> *Helix quintanellensis* nov. sp.   *Helix* nov. sp.

La première est tout-à-fait spéciale à cette région; la seconde se retrouve représentée par une forme très voisine dans les calcaires pontiques de Cartaxo; l'*H. prælusitanica* est probablement l'ancêtre de l'*H. lusitanica* actuelle si fréquente en Portugal et tout-à-fait particulière à cette région. Enfin un *Cyclostomide* paraît assez fréquent, c'est le *Tudora Larteti* d'ont le type provient de Sansan.

Cette faune est comme on le voit bien pauvre en types caractéristiques, mais la tendance est plutôt vers le Miocène moyen que vers le Miocène inférieur.

III.—Étude sur quelques mollusques continentaux rencontrés dans le Miocène marin

I.—ENVIRONS DE LISBONNE

Pour compléter l'étude des mollusques terrestres de la vallée du Tage, il est intéressant de signaler la découverte de quelques exemplaires disséminés dans les couches marines des environs de Lisbonne. Ces échantillons sont malheureusement en bien mauvais état de conservation, et il ne

---

[1] Depéret et Sayn : *Monogr. de la faune fluvio-terrestre de Cucuron*, p. 19, pl. I, fig. 83-84.
[2] Michaud: *Descr. des coq. fossiles d'Hauterive*, 1862, p. 24, pl. IV, fig. 12.

peuvent dans la plupart des cas n'être déterminés que très approximativement; ils proviennent des localités suivantes:

1° C a m a r a t e au N. N. E. de Lisbonne.—Un certain nombre de moules internes indéterminables d'une *Helix* de la taille de *II. Larteti* ont été rencontrés dans l'Helvétien inférieur.

2° C h a r n e c a au N. de Lisbonne.—Un exemplaire muni de son test et un certain nombre de moules internes se rapprochent de l'*Helix exœreta* Bourguignat, de Sansan,[1] caractérisée par sa forme globuleuse, un peu moins élevée de l'*Helix Larteti* très arrondie en dessous et sa bouche a péristome fortement réfléchi.

L'échantillon de Charneca diffère de l'espèce de Sansan par l'absence de callosité réunissant les deux bords du péristome. Cette forme a été rencontrée dans l'Helvétien inférieur au sommet de la subdivision.

3° T o r r e près L u m i a r.—Moules internes d'une petite espèce d'*Helix* rappelant un peu l'*Helix gironḍica* Noulet,[2] de l'Aquitanien du Bordelais.

II.—RÉGION ENTRE LE TAGE ET LE SADO

Les lambeaux peu étendus de Miocène marin des environs de Palmella et d'Alcacer-do-Sal ont donné quelques espèces plus intéressantes:

1° P a l m e l l a.—Moules internes d'une espèce d'*Helix* de petite taille indéterminable; un échantillon mal conservé, (moule interne) paraît se rapporter a l'*Helix Larteti*. Ces échantillons ont été trouvés dans l'Helvétien inférieur a Fonte do Sol a l'O. S. O. de Palmella.

2° A l c a c e r - d o - S a l.—*Helix. quintanellensis* Roman. Trois échantillons, dont deux munis de leur test, représentant cette espèce et sont absolument identiques aux exemplaires types des environs d'Almargem. L'un d'eux montre a la surface du test un certain nombre de costules assez grossières, mais peu accentuées que je n'ai pas observé dans le type. Ces stries sont surtout visibles dans le voisinage de la bouche et se confondent avec les lignes d'accroissement. La présence de cette espèce indique très probablement que le niveau des calcaires d'Alcacer do Sal doit être le même que celui de Quintanellas. J'ai indiqué plus haut les raisons que m'ont engagé à rapporter ces calcaires à la base de l'Helvétien.

Une autre espèce de Quintanellas l'*Helix Cotteri* Roman, bien facile à reconnaître à l'allongement tout-à-fait caractéristique de la bouche, a aussi été trouvée à Alcacer-do-Sal; elle vient confirmer l'identité de l'âge des calcaires de cette région avec ceux des environs d'Almargem.

Dans la même région, à P a l m a, les couches marines de la base de l'Helvétien ont donné quelques moules internes d'*Helix* af. *Larteti* Boissy, à spire moins élevée que la forme type de Sansan, et quelques *Helix* d'une autre espèce de plus petite taille et à tours moins élevés aussi à l'état de moules internes. Dans l'état de conservation des échantillons il ne peut être question de donner une détermination plus précise.

3° A F o n t e d a R o t u r a à 2 kilomètres au N. de Setubal il a été recueilli dans le Burdigalien une série de moules internes à peu près indéterminables qui rappellent un peu par leur forme générale l'*Hèlix sansaniensis* Noulet, mais à spire plus surbaissée.

---

[1] Bourguignat: *Malacologie de la Coline de Sansan*, p. 37, pl. II, fig. 20.
[2] Sandberger: *Land toud Süssw Conchyl.*, pl. XXII, fig. 2, 2ᵉ, p. 479.

IV.—Miocène continental de l'Alemtejo

Les documents paléontologiques sont encore rares dans cette province, bien que les affleurements du Miocène continental aient une certaine étendue. La collection de la Commission géologique du Portugal contient quelques échantillons de calcaire, portant des débris de mollusques d'eau douce ou continentaux provenant des environs d'Alandroal à peu de distance de la frontière espagnole.

J'ai pu reconnaître dans ces calcaires les espèces suivantes:

Helix af. *Torresi* Roman, moules internes d'une espèce très surbaissée paraissant assez voisine de la forme de Pernes. Place d'Alandroal.

Bulimus sp.? Moules internes tout-à-fait incomplets d'un Bulimidé indéterminable, à tours assez nombreux. Place d'Alandroal.

Ces fossiles sont contenus dans un calcaire grisâtre vacuolaire avec nombreuses veinules de calcite.

A la Capella da Pipeira au N.E. d'Alandroal, il existe un calcaire compact blond renfermant quelques tours embryonnaires de *Limnées* et de *Planorbes* et quelques *Hydrobia* indéterminables. Un moule interne d'*Helix* rappelle un peu par sa forme générale l'*Helix Torresi*.

D'autres fragments de calcaire, provenant de la pyramide d'Almagreira près Alandroal, contiennent des tours embryonnaires d'un Planorbe de forme élevée, du groupe de *P. præcorneus* Fischer et Tournouër, et un moule externe d'*Helix Torresi* Roman.

Etant donnés ces débris et bien que la plupart des pièces soient indéterminables specifiquement, il est très probable que les calcaires de la région d'Alandroal sont les équivalents de ceux de Pernes et doivent se rapporter comme eux à l'étage Pontique.

C'est vraisemblablement au même niveau que l'on doit rapporter les calcaires lacustres provenant de San Theotonio près d'Odemira, au S.O. de la province d'Alemtejo. Ces calcaires sont de teinte claire, parfois siliceux et très vacuolaires et renferment les espèces suivantes:

Planorbis Matheroni F. et T., moules internes en partie engagés dans la roche.

Planorbis præcorneus? F. et T., échantillon à l'état de moule interne peu déterminable.

Limnæa groupe de *heriacensis* Font., moules internes et externes.

Graines de *Chara*.

DEUXIÈME PARTIE

MAMMIFÈRES TERRESTRES

Les mammifères terrestres de l'époque tertiaire connus en Portugal et conservés à Lisbonne dans les collections de la Commission Géologique, appartiennent tous au Miocène et sont répartis dans la vallée du Tage depuis la base jusqu'au sommet de l'étage. Trois niveaux principaux ont surtout donné des ossements:

I.—Facies marin. 1° Le Burdigalien de Lisbonne.
      2° Les grès et sables helvétiens de Marvilla.

II.—Facies continental. 3° Les assises continentales comprises entre Villa Nova da Rainha, Azambuja et Archino, qui appartiennent au Miocène supérieur et renferment deux faunes distinctes.

a) La faune d'Aveiras de Baixo qui peut être attribuée à la partie tout-à-fait terminale du Tortonien.

b) La faune de l'horizon d'Archino qui est nettement caractéristique de l'étage Pontique.

Ces différents niveaux seront étudiés séparément en commençant par les plus anciens.

I.—Facies marin

I.—ETAGE BURDIGALIEN

Le gisement principal de mammifères terrestres burdigaliens se trouve à Lisbonne, à peu de distance de l'Avenida Estephania au lieu dit, Horta das Tripas à l'Est de l'Abattoir.

Suivant M. Cotter, les ossements et les dents appartiennent à la zone n° 5, terminant le Burdigalien inférieur[1] et ont été trouvés à 8 mètres au-dessous du toit de cette assise dans des argiles alternant avec des grès fins argileux de teinte verdâtre, caractérisés par un certain nombre de mol-

---

[1] Voir à ce sujet J. C. Berkeley Cotter: *Esquisse géologique du Miocène marin portugais*, p. 5.

lusques marins: *Ostrea aginensis, Lithodomus,* et grands *Polypiers.* Ces bancs appartiennent à un ensemble dont la faune marine contient encore quelques types à affinités aquitaniennes, tels que *Pyrula
Lainei, Cerithium margaritaceum, Ostrea aginensis,* associés à une série de formes tout-à-fait caractéristiques du Burdigalien: *Turritella terebralis, Pecten Tournali, P. burdigalensis, Ostrea granensis,
Venus Ribeiroi,* etc.

Il ne peut donc y avoir aucun doute sur l'âge des couches renfermant les ossements, qui ont
dû être entrainés et déposés non loin du rivage par un des cours d'eau de l'époque burdigalienne.
On verra d'ailleurs que l'attribution à cet étage de ces couches marines est pleinement confirmée par
la faune de Vertébrés, et en particulier par la présence du *Brachyodus onoïdeus* qui est l'un des types les plus caractéristiques du Premier étage méditerranéen.

Famille des RHINOCÉRIDÉS

RHINOCEROS (CERATORHINUS?) TAGICUS nov. sp.

Pl. III, fig. 1

Pièces décrites. — Le gisement de Horta das Tripas, à Lisbonne, a fourni une dentition supérieure
presque complète d'un Rhinocéros de très petite taille, désigné jusqu'à ce jour dans les collections
de la Commission Géologique et dans le travail de M. Cotter sous le nom de *Rhinoceros minutus* Cuv.
Les dents recueillies isolément appartiennent très certainement au même individu, elles ont
été rapprochées en série naturelle et figurées ainsi.

La dentition supérieure droite est représentée par six dents à peu près complètes: M^3 en partie brisée ne montre que sa colline postérieure, M^2 et M^1 sont bien intactes; la muraille externe de
P^4 et l'extrémité interne du lobe de P^3 manquent; P^2 est complet et P^1 n'existe pas. La mâchoire op-
posée, est composée de cinq dents ou fragments de dents: M^3 bien complète, M^2 n'est représentée
que par un fragment de sa partie antérieure; M^1, à peu près intacte, a perdu l'extrémité de son lobe
antérieur; P^4 n'a pas sa muraille externe; P^3 est presque complète; P^2 et P^1 manquent.

Description. — Cette dentition, bien que de très petite taille, appartient à un individu très adulte
si l'on en juge par l'état d'usure de ses prémolaires; ses dimensions ainsi qu'on le verra plus loin
sont inférieures à toutes les espèces de Rhinocéros connues actuellement.

La deuxième prémolaire, notablement plus petite que les deux P suivantes, est assez fortement
usée, de forme sensiblement quadrangulaire, elle est formée de deux collines transverses réunies par
leur partie interne, et délimitant une fossette allongée légèrement oblique. La colline antérieure est un
peu moins large que la colline postérieure; la «*crista*»[1] est à peine indiquée, et les crochets ne sont
pas apparents. Un léger bourrelet basal entoure la dent.

P^3 est plus grande, quadrangulaire, assez usée, et composée de deux collines transverses sensiblement égales entre elles; la *crista* est bien développée, le *crochet* assez large est denticulé; l'*anticrochet* peu sensible est placé dans le voisinage du bord interne de la première colline; le bourrelet basilaire est à peine indiqué dans l'intervalle des deux collines et sur la partie antérieure
de la dent.

---

[1] Dans cette description je fais usage de la nomenclature indiquée par M. Osborn, in *Phylogeny of the Rhinoceroses
of Europe, Bul. Am. Museum of Nat. History,* vol. XIII, at. XIX, p. 232, fig. 1.

P^4 est sensiblement de même forme et de même dimension que P^3, mais ici, le *crochet* est plus pincé, l'*anticrochet*, plus interne, est bien distinct; la *crista* est aussi très accentuée.

M^1 et M^2 de forme trapézoïde sont plus larges du côté externe que sur la face interne; la vallée médiane est à peu près fermée par un *crochet* très développé, opposé à un *anticrochet* plus arrondi, et plus volumineux dans M^1 que dans M^2. Il n'existe pas de bourrelet basilaire interne.

M^3 est triangulaire par diminution de la largeur de la colline postérieure qui porte un crochet très saillant; l'anticrochet n'existe pas; il n'y a pas de bourrelet basilaire.

Dimensions

Longueur de P^2 à M^3 .... 122^{mm}

Rapports et différences.—La dentition ci-dessus décrite, offre tous les caractères des vrais *Rhinocéros*, c'est-à-dire: absence ou réduction extrême du bourrelet basilaire des dents, développement de la crista, forme triangulaire de la dernière molaire.

Ces caractères suffisent pour démontrer que l'on ne se trouve pas en présence d'une espèce du groupe des *Acerotherium* bien que, en l'absence des os nasaux, et à l'aide des dents seulement, il soit fort difficile de déterminer un animal de la famille des *Rhinocérides*.

La petite taille de ce spécimen avait fait jusqu'à ce jour attribuer ces dents au *Rhinoceros minutus* Cuvier. Cette espèce, bien que souvent citée a différents niveaux de l'Oligocène et du Miocène, appartient réellement ainsi que l'on démontré MM. Depéret[1] et Osborn[2] à l'Étage Oligocène, le type provenant du Stampien de Moissac (Tarn.-et-Garone). M. Osborn a rattaché cette espèce au genre *Diceratherium*, pourvu de deux cornes latérales.

Le *Dic. minutum* n'appartient donc pas au même niveau que l'espèce de la vallée du Tage; de plus cette forme, bien que de taille assez réduite, est cependant d'un tiers plus grande.

Dimensions correspondantes dans les deux espèces

Diceratherium minutum: longueur de P^1 à M^2 .... 100^{mm}
Rhinoceros tagicus:　　 » 　 » 　 » 77

Divers autres caractères dans la dentition différencient les deux espèces. La vallée médiane des arrières-molaires est moins ouverte dans le *Rh. tagicus,* par suite du plus grand développement du crochet et de l'anticrochet; la crista est en outre bien plus forte dans les prémolaires et les arrières-molaires; enfin il n'existe pas de bourrelet basal interne.

Les espèces du Burdigalien, citées jusqu'à ce jour en Europe et comparables à la forme du Portugal sont peu nombreuses; elles appartiennent au sables de l'Orléanais qui représente cet étage dans le bassin de Paris. Ce sont: ?*Diceratherium Douvillei* Osborn et *Teleoceras aurelianense* Nouel.

Ces deux formes sont assez différentes pour qu'il soit possible de les différencier à première vue de l'espèce du Tage.

D. Douvillei Osborn,[2] plus grand que *Rh. tagicus,* en diffère par sa dernière arrière molaire moins triangulaire, pourvue d'un crochet plus développé, et par des vallées plus ouvertes et moins sinueuses.

T. aurelianense Nouel est beaucoup plus grand; il ressemble davantage à notre espèce par sa dernière molaire triangulaire; mais la vallée médiane de M^1 est plus ouverte, l'anticrochet plus développé. Dans P^3 et P^4 le crochet est bien plus fort dans la forme du Portugal, enfin la crête si nette dans le *Rh. tagicus* n'existe pas dans l'espèce de l'Orléanais.

---

[1] Depéret et Douxami : *Les Vertébrés oligocènes de Pyrimont-Challonges* (Savoie) (*Mém. Soc. Pal. Suisse*, vol. xxix. 1902, p. 30).

[2] Osborn : Loc. cit. ante, p. 42.

[3] Id , p. 240.

44

Les différents caractères du *Rh. tagicus:* forme triangulaire de la dernière arrière molaire, avec crochet mince et allongé, sinuosité de la vallée médiane de M^1 et M^2 presque fermée par la rencontre du crochet et de l'anticrochet, développement de la crête dans les prémolaires et les arrières-molaires, se retrouvent dans le *Rh. (Ceratorhinus) sansaniensis* Lartet. Cette espèce en diffère cependant par une taille plus grande.

L'espèce de Sansan est représentée dans les argiles sidérolitiques de la Grive-S¹-Alban (Miocène moyen) par une variété de plus petite taille décrite par M. Depéret dans son travail sur les Mammifères miocènes de la vallée du Rhône,[1] d'après un certain nombre de dents isolées. Depuis l'apparition de ce mémoire, les argiles de la Grive ont fourni un palais presque complet de la même espèce conservé au Museum de Lyon, qui offre les plus grands rapports avec l'espèce de la vallée du Tage.

Le petit *Rhinoceros* de la Grive est surtout caractérisé par la forme presque carrée de P^3 et de P^4 à vallée médiane peu ouverte et à collines transversales étroites et perpendiculaires à la muraille externe, et surtout par l'absence de tout bourrelet basilaire. M^3 est triangulaire, avec un indice de bourrelet basal sous forme d'un petit tubercule interlobaire. La longueur totale de la mâchoire de M^3 à P^2 est de 173 mm.

Le *Rh. tagicus* diffère de cette dernière pièce par sa taille d'environ $^1/_4$ plus petite (160 mm. au lieu de 173), par la sinuosité plus grande de la vallée médiane de M^2 qui est moins ouverte, et par la présence d'une crête qui n'existe pas dans la forme de la Grive. M^1 possède un crochet postérieur plus développé et plus élargi; le crochet antérieur est aussi plus important, ainsi que la crête qui n'existe pas dans le *Rh. sansaniensis.*

En résumé, il semble rationnel de considérer le *Rh. tagicus* comme appartenant à un tout autre groupe que le *Rh. minutus*, et de le rapprocher des formes voisines du *Rh. sansaniensis* classées par M. Osborn dans le sous-genre *Ceratorhinus.* Ce groupe débuterait ainsi dans le Burdigalien par une forme naine; il serait ensuite représenté à la base de l'Helvétien par les formes de plus grande taille de la Grive-S¹-Alban et de Sansan.

RHINOCEROS sp.

Pl. III, fig. 2 et 3

Le même gisement de Horta das Tripas à Lisbonne a donné une série de dents fragmentées appartenant à une deuxième espèce de *Rhinoceros* de plus grande taille. J'ai pu à l'aide de divers débris reconstituer une molaire supérieure droite (M^1 ou M^2) peu usée, caractérisée par sa colline postérieure très comprimée, portant un fort crochet triangulaire assez aigu, fermant presque entièrement la vallée médiane. La colline antérieure manque, mais il en reste assez pour montrer que la vallée était relativement étroite.

Une muraille externe d'une autre molaire a été figurée (pl. III, fig. 2) pour donner une idée de la hauteur de ces dents qui sont à peine entammées par la détrition.

Ces dents sont trop incomplètes pour qu'il soit possible de donner une détermination même approximative; je me bornerai à indiquer que ces pièces rappellent par leur forme générale le *Teloceras aurelianense*, forme assez abondante dans les sables de l'Orléanais (Burdigalien). Elles en diffèrent cependant par une taille plus faible (M^2 = 32 mm. de longueur dans l'espèce du Portugal M^2 = 42 mm. dans le *Tel. aurelianense*). La vallée médiane est plus large dans le *Tel. aurelianense*, cependant la disposition du crochet est très semblable dans les deux formes.

---

[1] Ch. Depéret: *Recherches sur la succession des faunes de Vertébrés miocènes de la vallée du Rhône* (Annales du Museum de Lyon, t. IV, 1887).

Famille des ANTHRACOTHÉRIDÉS

BRACHYODUS ONOIDEUS Gervais

Pl. II, fig. 1, 1ᵃ, 1ᵇ, 2, 3

Anthracotherium magnum de l'Orléanais, Blainville, *Ostéographie du genre Anthracotherium*, pl. III.
1859.　　》　　*onoïdeum* Gervais, *Zoologie et Paléontologie françaises*, 1ᵉ ed., t. ı, p. 96; (2ᵉ ed., p. 190).
1883. *Hyopotamus* Neumayr, *Hyopotamus Reste von Eggenburg*,[1] p. 283.
1895. *Brachyodus onoïdeus* Gervais, sp., Depéret, *Uber die fauna von Wierbelthieren aus der ersten Mcdtter-
ranstufe von Eggenburg*.[2]

Pièces décrites.—Les restes de cette espèce proviennent du Burdigalien inférieur de Lisbonne, et ont été recueillis dans le gisement déjà signalé de Horta das Tripas.

Le principal échantillon est une mandibule d'un individu jeune, possédant toutes ses molaires en assez bon état de conservation; la canine est en partie détruite, les incisives manquent complétement, leur place est indiquée par les alvéoles. La branche montante droite manque.

On a pu reconstituer, à l'aide de fragments recueillis au même point, une molaire supérieure, une prémolaire inférieure et divers autres dents supérieures très incomplètes.

Les os des membres sont représentés: 1° par une extrémité proximale de radius et de cubitus; 2° un fragment de radius d'un autre individu; 3° quelques os du tarse et du carpe et quelques phalanges.

Description de la mandibule.—La branche gauche de la mandibule, est allongée, peu élevée, à peine sinueuse et sensiblement de la même hauteur dans tout l'espace occupé par les dents. Elle se rétrécit un peu à la hauteur de la barre, et se relève au niveau de la canine par un angle obtus pour venir former la symphyse. La compression due à la fossilisation a un peu déformé la base de la mandibule et ne permet pas de se rendre exactement compte du point où se trouve le maximum de largeur. En arrière de la dernière molaire il existe une sinuosité peu profonde.

La branche montante fait un angle assez ouvert avec la branche horizontale, elle se termine en avant par une apophyse coronoïde assez courte et peut-être assez obtuse (l'extrémité supérieure n'est pas connue) et en arrière par un condyle presque plan, élargi transversalement et dont la partie interne est assez fortement inclinée vers le bas. Le bord postérieur se dirige obliquement en arrière, mais est bientôt interrompu par une cassure qui a fait disparaître l'angle postérieur de la mâchoire.

Le trou mentonnier ovalaire allongé dans le sens longitudinal, est assez grand et situé immédiatement en avant de la première prémolaire, et sur le prolongement de la partie antérieure de cette dent.

Dentition.—La branche gauche de la mandibule porte quatre prémolaires et deux arrière-molaires (M^3 apparaît dans le fond de l'avéole). P^1 est à peu près détruit, D^2, D^3, D^4 appartiennent à la dentition de lait; M^1 est en bon état de conservation, mais la colline postérieure de M^2 manque.

---

[1] *Verhandlung. Geol. Reichsanstalt*, p. 283.
[2] *Sitzung. der Kais. Akad. der Wissenschaften in Wien*, vol. cıv, 1ᵉ partie.

La branche droite offre les mêmes dents en meilleur état de conservation, sauf M^2 qui est partiellement détruite; P^4 est séparée de la canine peu développée par un large barre. Les incisives au nombre de trois ne sont représentées que par leurs alvéoles.

Fig. 3. *Brachyodus onoïdeus* ½ grandeur naturelle, montrant la branche montante de la mandibule

Incisives.—De l'inspection des cavités alvéolaires, on peut conclure que la première, était à section ovalaire et comprimée dans le sens longitudinal; les cavités des deux autres incisives ont une section circulaire.

Canine.—La canine non séparée des incisives est assez réduite, courte et comprimée longitudinalement.

Prémolaires.—P^1 assez petite est comprimée dans le sens longitudinal en forme de cône assez surbaissé; D^2 plus développée, (appartenant à la première dentition) est à une seule pointe, conique et peu aigue; la muraille externe est plane, l'interne, légèrement convexe, il n'y a pas de bourrelet basal. La surface de l'émail est couverte d'une ornementation chagrinée comme toutes les dents des animaux de ce genre.

D^3 est une dent de lait à deux lobes, l'antérieur comprend un denticule externe conique, légèrement déprimé sur la face interne, accompagné d'un repli d'émail tout à fait antérieur. Le deuxième lobe possède deux denticules, l'externe conique, très usé, l'interne plus petit, plus aigu et plus élevé.

D^4 offre trois lobes composés chacun de deux tubercules coniques fortement usés, les denticules externes sub-crescentoïdes, sont élargis et bien développés; les denticules externes des deux premiers lobes sont aplatis longitudinalment, le tubercule du 3ᵉ lobe est plus arrondi.

Il n'y a pas de bourrelet basilaire à P^1, D^2, D^3; D^4 offre une trace de bourrelet postérieur.

Molaires.—M^1 est composée de deux lobes formés chacun d'un croissant et d'un denticule interne conique assez aigu. Le denticule en croissant du 2ᵉ lobe, se relie en arrière avec la partie postérieure du deuxième denticule interne et en avant, avec la partie postérieure du premier denticule interne. Le croissant antérieur se relie à la muraille interne par une crête oblique. Il existe en outre un bourrelet basilaire postérieur assez développé.

M^2 de taille un peu plus grande que M^1 a la même structure; le lobe postérieur est en partie détérioré dans l'exemplaire de Lisbonne.

M^3 n'avait pas encore dépassé la mandibule; dans ce specimen on aperçoit le sommet des denticules dans le fond d'une cavitée placée en arrière de M^2.

Dimensions de la mandibule

Longueur totale de M^3 à P^1 .... 180^{mm}
»   de la barre 45
»   totale de la mandibule.......................... 400

Autres dents.—Le même gisement a en outre fourni une prémolaire inférieure (très probablement P^3) appartenant à un individu plus adulte, tout-à-fait conforme à celle du *Brachyodus onoïdeus* trouvée dans le Miocène inférieur d'Autriche. Cette dent se compose d'un denticule externe très développé pyramidal, qui a une tendance à la forme crescentoïde, et d'un très fort talon postérieur aplati, ce qui permet de distinguer facilement cette prémolaire de celles qui précèdent. L'usure est peu considérable ce qui indique un individu adulte mais encore assez jeune.

La dentition supérieure n'est représentée que par une molaire à peu près complète figurée pl. II, fig. 2, reconstituée à l'aide d'une série de fragments recueillis sur le gisement, et de deux ou trois autres débris de dents trop incomplètes pour pouvoir être décrites.

Cette dent (M^3 gauche) est tout-à-fait identique à la figure donnée par M. Depéret (loc. cit., pl. I, fig. 5). La couronne, de forme générale quadratique, un peu élargie en avant, porte cinq denticules, trois sur la rangée antérieure et deux sur la rangée postérieure. Le denticule postéro-externe est en forme de croissant, assez aigu et à peine usé. Le denticule antérieur manque en partie, il est aussi en forme de croissant mais un peu plus épais que le précédent.

Les denticules internes sont plus coniques, avec tendance cependant à la forme crescentoïde, assez courts et assez surbaissés. Le denticule intermédiaire, est aussi en forme de croissant un peu plus petit mais de forme très analogue aux denticules externes.

La base de la couronne est bordée par un épais bourrelet surtout développé sur la face interne de la dent. La surface de l'émail est couverte d'une ornementation chagrinée tout-à-fait typique, qui se retrouve dans toutes les espèces du genre *Brachyodus*.

Os des membres.—Nous ne possédons de cette espèce que des fragments fort incomplets, mais comme cette partie du squelette n'a pas encore été décrite je crois utile de faire connaître ici les matériaux recueillis à Lisbonne, bien qu'ils soient assez peu nombreux.

La pièce principale est une extrémité supérieure de radius à laquelle vient s'adapter un fragment de cubitus délimitant l'articulation de l'humerus (fig. 4, p. 48).

Le radius est relativement épais et probablement assez court, les cavités glenoïdes sont peu profondes; l'interne (diam. $=46$ mm.) plus développée que l'externe; la cavité externe (diam. $=34$ mm.) est plus étroite que longue, et presque rectangulaire. L'ensemble de la tête du radius est très aplatie et à peine déclive du côté externe.

Cet os offre les plus grands rapports avec celui de l'*Hippopotamus amphibius* dont il a à peu près les proportions, mais il paraît cependant plus massif; le radius de l'*Hippopotame* étant plus aminci au dessous de l'extrémité.

Le cubitus a sa cavité sigmoïde en bon état de conservation, elle est triangulaire, assez élargie et proportionellement un peu plus large que celle de l'*Anthracotherium*.[1] L'olécrane manque dans l'exemplaire de Lisbonne; mais si l'on en juge d'après un cubitus de la même espèce provenant des sables de l'Orléanais et conservé dans les collections de la Faculté des Sciences de Lyon, il devait être moins épais, que chez l'*Anthracotherium* et moins arrondi à son extrémité. Cette même pièce (de l'Orléanais) indique en outre, que le cubitus était relativement assez massif, à section triangulaire, avec le côté le plus large dirigé en avant. Cet os était en outre peu arqué.

---

[1] Voir à ce sujet les pièces décrites et figurées par Kowalewsky: *Monographie der Gattung Anthracotherium* (Paléontographica, vol. xxii, 1876, pl. X, fig. 26-27.

Carpe.—Le carpe est incomplétement connu. La collection de Lisbonne posséde un pyramidal, un semilunaire et un onciforme du membre antérieur droit, en connexion (fig. 5, p. 49).

Le pyramidal, de forme presque triangulaire, est plus élargi vers le bas que dans l'*Anthracotherium*,[1] l'articulation avec le cubitus est très oblique; la facette articulaire, contre laquelle vient se placer le pisiforme est grande et occupe près des ³/₄ de la surface de l'os.

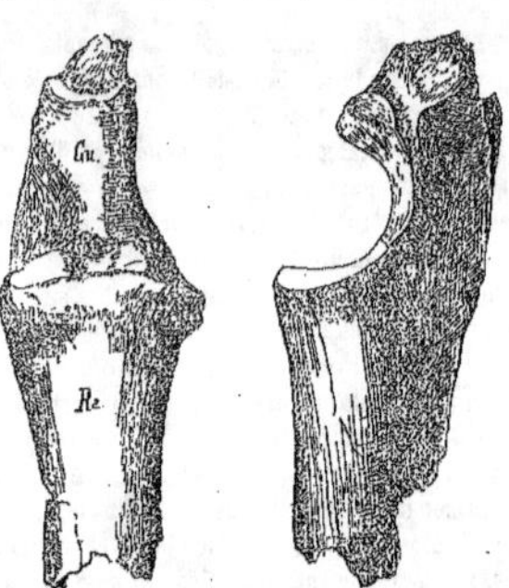

Fig. 4. Extrémité proximale du radius et du cubitus de *Brachyodus onoïdeus*
1) vue de face, 2) profil par le côté interne (Reduction ¹/₂)

Le semilunaire est étroit, très comprimé transversalement, l'articulation avec le cuboïde est étroite allongée et sa concavité est tournée obliquement d'arrière en avant et vers l'interieur; elle est bien plus étroite que chez l'*Anthracotherium;* à la partie inférieure de l'os, la facette d'articulation avec l'onciforme, est petite séparée de la facette d'articulation avec le grand os par une carène peu saillante.

L'onciforme incomplet, est assez surbaissé, son articulation avec le semilunaire et le pyramidal, est conservée; la facette latérale qui s'articule avec le grand os est assez bien développée; le prolongement postérieur manque. Cet os est moins élargi et moin aplati que celui de l'*Anthracotherium*.

Le Trapèzoïde gauche est seul conservé, il est plus élargi à sa partie supérieure qu'à sa face inférieure. Le membre antérieur est encore représenté par l'extrémité distale d'un métacarpien, assez comparable à celui de l'*Anthracotherium* par ses dimensions et sa forme générale (fig. 6, p. 49). Cet os peut être soit le IIᵉ droit, soit le IVᵉ gauche; la conservation est trop insuffisante pour permettre une détermination certaine. Enfin, il existe en outre une première phalange qui peut appartenir à l'un des doigts médian, et une 2ᵉ phalange latérale.

Tarse.—Le métatarse est encore plus incomplet que le carpe, le Musée de la Commission Géologique ne possède qu'un cuboïde et un scaphoïde, en connexion appartenant au membre postérieur gauche (fig. 7, p. 49). Le cuboïde assez élevé, mais cependant moins haut que dans l'*Anthracotherium*, se termine à sa face supérieure par une facette quadrangulaire concave plus allongée, dans le sens longitudinal et inclinée vers l'intérieur, qui vient s'articuler, avec l'astragale. Une seconde facette triangulaire inclinée vers l'avant, assez large et plane vient recevoir l'extrémité du calcaneum. Sur la face inférieure on distingue les deux facettes d'articulation avec le IVᵉ et le Vᵉ métatarse, la première

---

[1] Voir Kowalewsky, loc. cit., pl. XI, fig. 45.

plane et ovalaire, la seconde plus petite, et allongée, longitudinalement. Sur la face interne, cet os s'articule très largement avec le naviculaire.

Le scaphoïde est de forme presque parallélépipédique, sa face supérieure à peu près rectangulaire, montre deux facettes d'articulation dont l'interne est plus étroite. La partie postérieure de l'os est moins développée que chez les Suidés.

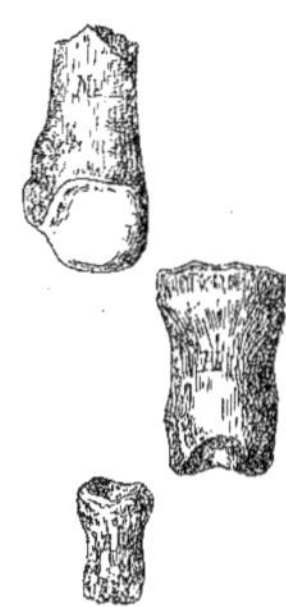

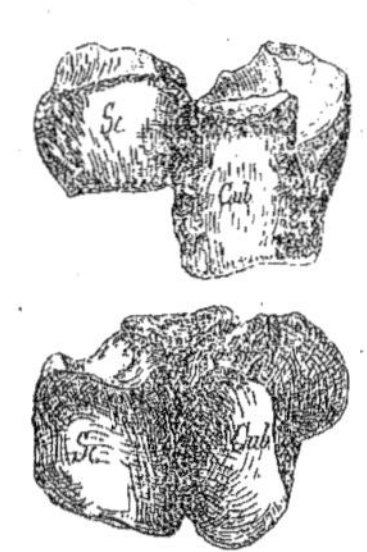

Fig. 5. Os du carpe de *Brachyodus onoïdeus*: 1) vue de face, 2) vue supérieure (Reduction ¹/₂) : *Unc.* ouciforme; *Pyr.* pyramidal; *Sl.* semilunaire.

Fig. 6. Extrémité du membre antérieur: *Mc.* métacarpien (II° droit?); *Ph.* phalange médiane; *P.* 2° phalange latérale.

Fig. 7. Os du tarse du *Brachyodus onoïdeus*: 1) vue de face, 2) vue par en haut: *Cub.* cuboïde, *Sc.* scaphoïde.

Rapports et différences.—Lorsqu'on compare la mandibule du *Brachyodus onoïdeus* de Lisbonne avec la pièce du Premier Étage méditerranien d'Autriche, décrite par M. Depéret on est frappé de l'identité presque complète de ces deux exemplaires, au point de vue de la structure dentaire et de la forme générale de la mâchoire. La différence la plus sensible provient de l'âge qui n'est pas le même chez les deux individus; tandis que le type d'Eggenburg a atteint son complet développement, celui de Lisbonne n'est pas encore parvenu à sa maturité. La dernière molaire n'est pas encore sortie de son alvéole et les prémolaires appartiennent encore à la première dentition.

Les mêmes ressemblances peuvent se constater sur les molaires isolées, trouvées en même temps que la mandibule, la dent de la fig. 2 est d'environ 1 mm. plus large que la pièce correspondant d'Eggenburg (Depéret, loc. cit., p. 45, pl. I, fig. 6) mais de taille cependant inférieure à celle des sables de l'Orléanais (figuré, pl. II, fig. 1) considerée comme tout-à-fait typique. Ces différences sont d'ailleurs assez peu importantes pour qu'il soit possible d'affirmer que la même espèce se retrouvait a la fois sur les bords du Tage, en France dans le bassin de la Loire, et en Autriche dans le bassin du Danube.

Une espèce voisine a été signalée récemment dans le Burdigalien d'Egypte par M. Andrews sous le nom de *Brachyodus africanus*.[1] Cette espèce se distinguerait du *B. onoïdeus* par sa taille un peu plus faible, ses molaires proportionellement plus allongées, et par la position du trou mentonnier qui est reporté à la hauteur de l'intervalle entre P^3 et P^4 au lieu de correspondre à la partie antérieure de P^4.

---

[1] C. W. Andrews: *Fossil Mammalia from Egypt*. (Géol. Magazine, N. S. Dec. IV, vol. VI, n° 425, p. 481, nov. 1899, pl. XXIII).

Un certain nombre de différences existent en outre dans la structure de la dernière molaire inférieure; nous ne pouvons les apprécier dans la forme du Portugal qui ne possède pas encore cette dent. On ne retrouve aucun autre des caractères du *B. africanus* dans la forme du Portugal qui se rapproche bien d'avantage de l'espèce d'Autriche et de France.

Il est inutile de comparer notre espèce au *B. porcinus*, de l'Oligocène supérieur du bassin de la Loire et de Pyrimont dont les dents on la même structure mais qui se distingue à première vue par sa taille moitié moindre.

Je terminerai cette description en rappelant que le genre *Brachyodus* créé en 1895 par M. Depéret a pour type le *B. onoïdeus* Gervais. Il comprend un groupe de formes intermédiaires entre le genre *Anthracotherium* Cuv. et le genre *Ancodus* Pomel, dont la dentition est caractérisée: par la forme courte, et sélénodonte des denticules de ses molaires, le développement considérable du bourrelet basilaire, et la striation chagrinée de l'email. [1]

M. Depéret dans un travail récent [2] a définitivement fixé la descendance du genre *Brachyodus*.

Ce groupe d'*Anthracotheridés* forme un rameau phylétique presque continu, débutant dans l'Eocène moyen (Lutécien) par le genre *Catodus* Depéret, qui continue dans le Ludien avec le *B. crispus* Gervais, de Gargas, se développe dans l'Oligocène inférieur et moyen, avec les *B. Cluai* Depéret, *B. porcinus* Gerv. et *B. Borbonicus*. Cette dernière espèce se retrouve aussi dans l'Aquitanien et précède immédiatement le *B. onoïdeus* Gervais, du Burdigalien. Le genre *Brachyodus* disparaît avec le Miocène inférieur où il atteint le maximum de taille.

Famille des SUIDÉS

PALÆOCHERUS AURELIANENSIS Stehlin

Pl. II, fig. 4, 4ª, 5, 5ª, 6, 6ª

1896. *Chæromorus sansaniensis* Studer non Lartet, Studer, *Die Saugetierreste aus den marinen Molasseablagerung von Brütelen,* [3] pl. III, fig. 5–6, p. 18.

1899. *Palæocherus aurelianensis* Stehlin, *Ueber die Geschichte des Suiden Gebisses,* [4] p. 11, 43, pl. I, fig. 13 et pl. III, fig. 85.

Pièces décrites.—Quatre dents isolées provenant du gisement de Horta das Tripas, dont deux prémolaires supérieures P^3 et P^4, une molaire supérieure M^1 et une prémolaire inférieure.

Description.—Les dents étudiés appartiennent à un animal de petite taille, voisin du *Palæocherus typus* Pomel, nom sous lequel ces pièces ont été désignées jusqu'à ce jour dans les collections de Lisbonne.

La troisième prémolaire gauche, à couronne triangulaire, offre la structure caractéristique des espèces du genre *Palæocherus;* elle possède un denticule externe arrondi très développé et légèrement comprimé dans le sens longitudinal, et un bourrelet basal très épais à peu près continu et

[1] Depéret et Douxami: *Vertébrés de Pyrimont-Challonges,* p. 40.

[2] Ch. Depéret: *Los Vertebrados del Oligoceno inferior de Tarrega* (Mem., Real Acad. de Ciensas y Artes de Barcelona, vol. v, num. 24, 1906, p. 17).

[3] *Mémoires de la Société paléontologique Suisse,* vol. XXII, 1896.

[4] Id., vol. XXVI, 1899.

surtout développé à la face postéro-interne de la dent où il se relève en une sorte de tubercule allongé un peu émoussé.

P^4 droite, possède trois racines, incomplètement conservées dans l'échantillon que j'ai sous les yeux ; sa couronne, un peu plus large que longue, porte deux denticules externes à peu près complètement soudés, et un denticule interne conique, plus développé que les denticules externes. Un fort bourrelet basal entoure la dent, sauf sur son bord externe.

M^1 quadrangulaire, plus large que longue, à quatre racines, offre quatre tubercules très surbaissés et coniques, séparés en deux rangées par une vallée médiane transversale bien marquée ; dans l'intervalle qui sépare les deux denticules postérieurs il existe un cinquième petit tubercule à peine visible sur l'échantillon figuré, par suite de l'usure de la dent. La rangée de tubercules antérieure est bordée par un bourrelet basilaire aplati et bien développé ; le denticule postéro-interne se relie à un bourrelet moins accentué qui se termine vers le bord extérieur de la couronne.

P^4 inférieure, droite, est une dent à deux racines, allongée longitudinalement, formée d'un lobe antérieur composé de deux tubercules mousses, et d'un talon postérieur élargi et court dont la partie interne est assez fortement entamée par l'usure ; un léger bourrelet interrompu entoure la base du lobe antérieur et se relie à la partie postérieure du talon.

Dimensions

Largeur	$\overline{P^3}$	.... 8^{mm}	Longueur	....	10^{mm}
»	$\overline{P^4}$	 11	»	....	9
»	$\overline{M^1}$	 13	»	....	12
»	$\underline{P^1}$	 7,5	»	....	11

Rapports et différences.—Ce sont surtout des raisons stratigraphiques qui m'ont engagé à rapporter ces dents isolées à l'espèce récemment désignée par M. Stehlin sous le nom de *Palæocherus aurelianensis,* qui se rencontre dans le Burdigalien le plus typique (Sables de l'Orléanais) et dans la Molasse suisse miocène, plutôt qu'au *Palæocherus typus* Pomel, dont l'original provient des calcaires du sommet de l'Oligocène (Aquitanien de St Gérand-le-Puy).

Cette espèce est malheureusement assez peu connue et les figures données soit par Studer soit par M. Stehlin représentent toutes la dentition inférieure qui nous fait ici défaut. Le *P. aurelianensis* est une forme légèrement plus petite que le *P. typus,* dont elle est assez voisine.

Si l'on s'en rapporte à la figure du *P. typus* donnée par Gervais dans sa Paléontologie française (pl. 33, fig. 1) on s'aperçoit que dans la forme du Portugal, les tubercules de la 1e molaire sont moins nettement arrondis, un peu plus surbaissés, le bourrelet basilaire moins continu ; les deux tubercules externes de P^4 sont moins séparés. Il en est de même pour la 4e prémolaire inférieure, ou deux tubercules au lieu de trois se distinguent dans le lobe antérieur.

Famille des FELIDÉS

PSEUDÆLURUS TRANSITORIUS Depéret

Pl. II, fig. 7, 7ᵃ, 7ᵇ

1892. *Pseudælurus transitorius* Depéret, *Les mammifères miocènes de la Grive-Sᵗ-Alban*,[1] pl. I, fig. 5–6, p. 21.

Piéces décrites.—Une mandibule présque complète représente cette espèce dans les marnes du Burdigalien inférieur de Lisbonne (Horta das Tripas). On a en outre trouvé une carnassière et une canine isolée d'un autre individu.

Description.—Les deux branches de la mandibule portent chacune la carnassière, deux prémolaires et la canine. La branche gauche montre le commencement de la partie montante, qui ne laisse aucune place pour une tuberculeuse; en avant il existe deux alvéoles indiquant l'existence d'une première prémolaire qui n'a pas été conservée. La mandibule droite est moins complète, M^1 est ne partie détériorée, P^1 et P^3 sont intactes, mais il manque la partie antérieure et postérieure de cette pièce. Dans la figure vue par la face supérieure les deux mandibules qui appartiennent certainement au même individu ont été rapprochées artificiellement.

Rapports et différences.—Deux caractères importants permettent de rapporter cette pièce au genre *Pseudælurus* Gervais; c'est l'absence de tuberculeuse, et l'existence d'une très petite prémolaire (p^2) indiquée seulement dans cette pièce par des traces de l'alvéole. Parmi les espèces de ce genre, deux formes sont assez voisines de notre type. *Ps. Edwardsi* Filhol, dont l'échantillon original provient des phosphorites du Quercy et *Ps. transitorius* Depéret, du Miocène moyen de la Grive-Sᵗ-Alban.

L'espèce de la Grive se distingue de la forme Oligocène par sa taille un peu moindre et l'atrophie relative du talon de la carnassière inférieure, et de la prémolaire antérieure.

La forme de la vallée du Tage offre des caractères intermédiaires entre ces deux espèces; à peine aussi grande que le *Ps. transitorius*, elle est de taille moindre que le *Ps. Edwardsi*.

Dimensions comparées des trois formes:

Longueur de trois dents en série continue (M^1 — P^3)

Ps. Edwardsi	*Ps. transitorius* (la Grive)	*Ps. transitorius* (Lisbonne)
27,5ᵐᵐ	25,5ᵐᵐ	25ᵐᵐ

Le talon de la carnassière de l'espèce de la vallée du Tage est plus grand que dans la forme de la Grive, mais il est un peu moins détaché que dans le *Ps. Edwardsi*. Le tubercule postérieur de la dernière prémolaire, est mieux développé que dans l'espèce des Phosphorites et très comparable à celle de la Grive-Sᵗ-Alban.

La partie antérieure de la mandibule est trop endommagée pour qu'il soit possible de retrouver des caractères différentiels.

En résumé, malgré les rapports très certains qu'il existe avec le *Ps. Edwardsi*, nom sous lequel l'espèce de Lisbonne a été désignée jusqu'à ce jour, je pense qu'il est préférable de la rapprocher

---

[1] *Archives du Muséum d'Histoire Naturelle de Lyon*, t. v.

de la forme Miocène avec laquelle elle a plus d'affinités, tant au point de vue des caractères des dents qu'à celui du niveau stratigraphique. Peut-être même à l'aide de documents plus complets serait il possible de la distinguer à titre d'espèce nouvelle, établissant ainsi une véritable filiation entre les *Prœlurinœ* de l'Oligocène et ceux du Miocène moyen.

II.—ETAGE HELVÉTIEN

Un très petit nombre de mammifères terrestres ont été jusqu'ici recueillis dans les assises marines de l'Helvétien des environs de Lisbonne, mais les découvertes de mammifères marins sont assez nombreuses, et ont fourni de très beaux specimens conservés à la Commission Géologique et au Musée de Lisbonne. Nous nous occuperons seulement ici des premiers.

Suivant les indications renfermées dans le travail si consciencieux de M. Cotter, les pièces conservées proviennent des assises suivantes.

1° Helvétien inférieur, calcaires et grès à *Pecten scabrellus* de Casal Vistoso: Un fragment de dent de lait de *Mastodon angustidens* provenant de couches marneuses avec debris de végétaux terrestres.

2° Helvétien supérieur. *a)* Assise VI^b grès calcaires siliceux de Grillos, base de l'assise: Un fragment de dent d'un individu agé de *Mastodon angustidens*, d'aspect calcédonieux.

b) Assise VI^c calcaires à *Ostrea crassicostata* var. *gigantea* de Marvilla, partie supérieure de l'assise: Une dent de *Mastodon angustidens* trouvée à Marvilla, dans la couche immédiatement supérieur à celle qui a fourni des restes de *Schizodelphis sulcatus* Gervais, et un autre à Val Formoso de Baixo près de la dite localité.

Trois de ces pièces sont représentées dans la pl. IV de ce mémoire d'après des photographies exécutées à la Commission Géologique de Lisbonne.

Famille des ELEPHANTIDÉS

MASTODON ANGUSTIDENS Cuvier
Pl. IV, fig. 1, 1ª, 1ᵇ, 2, 2ª, 8, 8ª

Mastodon angustidens Cuvier, (pars.) *Ossements fossiles*, t. I, p. 250.

1852. » » Cuvier, Lartet, *Note sur la dentition des proboscidiens vivants et fossiles*,[1] p. 469, pl. XVI, fig. 1-4 et pl. XV, fig. 6.

1897. » » Cuvier, Depéret, *Vertébrés miocènes de la vallé du Rhône*, p. 133.[2]

Pièces décrites.—1° Une molaire supérieure (pl. IV, fig. 1, 1ª, 1ᵇ) provenant d'une ancienne carrière de Marvilla (Pedreira da Mitra) appartenant à l'Helvétien supérieur, niveau VI^c (Cotter.)

2° Une molaire inférieure (pl. IV, fig. 2, 2ª) recueillie à Valle Formoso de Baixo près Marvilla-dans l'Helvétien supérieur, niveau VI^c.

---

[1] *Bulletin de la Société Géologique de France*, 2ᵉ série, vol. XVI, 1852.

[2] *Archives du Muséum d'Histoire naturelle de Lyon*, t. IV. Ce dernier ouvrage donne une liste bibliographique complète de cette espèce que je n'ai pas cru devoir reproduire ici.

3° Un fragment de molaire inférieure (pl. IV, fig. 3, 3ᵃ) Helvétien supérieur, niveau VIᵇ, inférieur aux précédents.

Description.—La dent de l'ancienne carrière de Marvilla est de forme rectangulaire, plus longue que large et pourvue de trois collines transverses bien distinctes, composée chacune de quatre à six tubercules un peu irréguliers, les mammelons placés sur les bords de la dent étant plus développés que les médians.

Les collines transverses sont séparées par des vallées assez profondes interrompues par de petits tubercules. La forme de ces collines et leur subdivion en plusieurs mammelons secondaires montrent que l'on se trouve en présence d'une dent de la mâchoire supérieure. Le talon postérieur est en outre assez développé et crénelé. C'est sans aucun doute la première arrière-molaire.

Les dimensions de cette dent, 75 mm. de longueur, sont assez comparable à celle de la dent correspondante du *Mastodon angustidens* de Sansan. La forme assez arrondie des mammelons et l'obstruction des vallées transverses permet de séparer cette espèce du *M. pyrenaïcus* Lartet[1] qui se trouve au même niveau. Cette dernière espèce dont la dentition se rapproche davantage du type tapiroïde est d'ailleurs de taille un peu plus grande.

C'est encore à cette même espèce qu'il convient de rapporter la dent figurée pl. IV, fig. 2 et 2ᵃ. C'est une molaire de forme étroite et allongée composée de trois collines transverses et d'un talon. Chacune de ces collines est formée de deux mammelons arrondis assez fortement entammés par la détrition. Dans les vallées transverses il existe un tubercule très fort et arrondi obstruant complètement la vallée; le talon est aussi composé de deux tubercules de plus petite taille.

Ces divers caractères, étroitesse de la dent, tubercules au nombre de deux sur chaque colline, et talon composé aussi de deux mammelons, permettent d'affirmer que l'on a ici une 2° arrière-molaire inférieure.

Les dimensions de cette dent sont relativement assez fortes, (longueur 128 mm.) par rapport aux types de Sansan et de la Grive qui ne dépassent pas 120 mm.

Le *Mastodon angustidens* se distingue facilement du *M. longirostris* Kaup par le nombre des collines des molaires qui est de quatre dans cette dernière espèce, et qui d'ailleurs occupe un niveau plus élevé.

C'est encore à la mâchoire inférieure d'un individu de la même espèce qu'il convient de rapporter le fragment figuré pl. IV, fig. 3, 3ᵃ, mais dans l'état de conservation de l'échantillon il est impossible le dire à quelle dent il appartient.

Pour être complet il convient en outre de mentionner un germe de dent de lait provenant de l'Helvétien inférieur de Chellas qui appartient encore à un *Mastodonte*.

Repartition stratigraphique.—Le *M. angustidens* est une des formes les plus constantes et les plus répandues de l'étage Helvétien. Cette espèce débute dans le Burdigalien par une mutation de très petite taille, où elle a été signalée à diverses reprises par M. Depéret. Cette mutation existe à la base du Cartennien d'Algérie,[2] et dans le Burdigalien supérieur du bassin du Rhône (mollasse des Angles près Avignon).[3] Dans le Vindobonien elle atteint une taille plus considérable; les exemplaires typiques se rencontrent à Sansan et à la Grive-Sᵗ-Alban, etc.; et vers la partie supérieure de l'étage les échantillons deviennent de plus en plus grands et se rapprochent alors de la forme *longirostris* caractéristique de l'étage Pontique. Les exemplaires de l'Helvétien du Portugal sont un peu plus grands que ceux de Sansan.

---

[1] Loc. cit. ante, p. 488, pl. XV, fig. 4, 5, 9.

[2] *Découverte du Mastodon angustidens dans l'étage Cartennien de Kabylie* (Bull. Soc. Géol. Fr., 3ᵉ sér, t. 25, 1897, p. 518).

[3] *Sur quelques mammifères de l'étage Burdigalien de Suisse et du bassin du Rhône* (Comptes rendus Sommaires des Seances de la Soc. Géol. de Fr., 15 juin, 1896, p. cxviii).

II.—Facies continental de la vallée du Tage

I.—TORTONIEN SUPÉRIEUR

Faune d'Aveiras de Baixo

Parmi les débris de mammifères recueillis dans le Miocène continental de la vallée du Tage, il convient d'étudier à part les échantillons provenant d'Aveiras de Baixo.

La faune découverte en ce point, bien que peu nombreuse, prise dans son ensemble, semble encore avoir des affinités très étroites avec les faunes du Miocène moyen; mais ainsi qu'on le verra plus loin, chacun des types pris en particulier offre des particularités paléontologiques, qui tendent à indiquer un degré d'évolution plus avancé, sans que l'on puisse cependant citer aucune espèce appartenant formellement au Miocène supérieur (Pontique).

Bien que je n'ai pas connaissance des localités précises d'où proviennent ces échantillons, il parait assez probable que les assises qui ont contenu les mammifères, situées à 15 ou 20^m au-dessus du fond de la vallée, sont surmontées par les couches marneuses grises du Pontique, bien développées à peu de distance de là entre Fonte do Pinheiro et Paulino qui contiennent la faune à *Hipparion*.

Les fossiles provenant de ce point ont une teinte noirâtre caractéristique et sont contenus dans une gangue de grès quartzeux jaunâtre bien différente de celle qui entoure les échantillons du Pontique.

En tenant compte de ces diverses observations il parait naturel de conclure que la faune d'Aveiras de Baixo peut appartenir soit à la partie terminale du Tortonien soit à la partie inférieure du Sarmatique. Malheureusement aucun des échantillons recueillis n'est assez complet, ni assez caractéristique pour permettre de fixer l'âge d'une façon plus précise.

Famille des RHINOCERIDÉS

RHINOCEROS (CERATORHINUS) af. SANSANIENSIS Lartet

Pl. III, fig. 6, 6ᵃ, 7

1831. *Rhinoceros sansaniensis* Lartet, *Notice sur la Colline de Sansan*, p. 29.
1870.   »   »   Lartet, Fraas, *Die Fauna von Steinheim*,[1] pl. VI, fig. 2, 4, 9, p. 189.

Pièces décrites.—Une dent inférieure de lait, et un tibia incomplet provenant tous deux des environs immédiats d'Aveiras de Baixo; l'étiquette collée sur le tibia, donne comme provenance 700^m au S, S. E. d'Aveiras de Baixo.

Description.—La dent figurée pl. III, fig. 6, 6ᵃ appartient à la mandibule gauche; elle est com-

---

[1] *Jahreshefte des Vereins für vaterlandisches Naturkunde in Wurtemberg*, t. 26, 1870.

posée de deux collines en croissant dont l'antérieure est plus élevée que la postérieure. La couronne de cette dent est assez fortement usée, ce qui donne une forme presque quadrangulaire à la colline antérieure. Un léger bourrelet part obliquement de l'angle antéro-externe, descend obliquement jusque vers le milieu de la colline antérieure, et disparaît. Un léger repli existe en outre en arrière à la base de la colline postérieure. La muraille interne est en partie détruite dans cet échantillon.

Cette dent est de dimensions assez faibles (longueur = 0,0295) ne dépassant pas la grandeur de la molaire correspondante du *Rhinoceros minutus* (= *Acerotherium minutum*), nom sous lequel elle a été désignée dans les diverses listes de mammifères du Portugal publiées jusqu'à ce jour. Elle en diffère par l'absence du bourrelet basal des *Acerotherium*, particulièrement nette dans l'*A. minutum*. La stratigraphie s'oppose en outre à cette assimilation, puisque cette espèce, comme nous l'avons déjà fait remarquer plus haut, appartient à l'Oligocène (Stampien).

Il est plus rationnel de rapporter cette pièce au *Rhinoceros sansaniensis* du Miocène moyen de Sansan, ou bien à l'espèce de petite taille, désignée sous le même nom dans le travail de M. Depéret, découverte dans le Sidérolitique miocène de la Grive-St-Alban.

Cette détermination ne peut d'ailleurs pas être considérée comme absolument certaine, étant donné la similitude presque complète des dents inférieures de la plupart des Rhinocéros.

C'est encore très probablement à la même espèce qu'il convient de rapporter un tibia gauche figuré pl. III, fig. 7, mais en l'absence de pièces figurées du *Rh. sansaniensis* il est difficile d'être très affirmatif.

Cet os est bien conservé dans sa partie inférieure et moyenne, mais il manque la majeure partie de l'extrémité supérieure. Il est assez robuste, relativement assez épais pour sa longueur et devait appartenir à un individu de petite taille.

La longueur de cette pièce de 0^m,32, est un peu inférieure à la grandeur réelle de l'os, puisqu'il manque la majeure partie de l'extrémité proximale; il faudrait donc estimer la longueur totale à 33 ou 34 centimètres au maximum.

Parmi les espèces décrites dans le Miocène moyen on est immédiatement amené à le rapprocher du *Rh. sansaniensis* qui est la plus petite espèce trouvée soit à Sansan, soit à Steinheim ou bien encore à la Grive-St-Alban. Le *Rh. brachypus* Lartet, qui se retrouve au même niveau est de taille plus grande; la différence est encore plus sensible avec le *Rh. Schleiermacheri* Kaup, de l'étage Pontique, dont le tibia mesure 0,42 suivant M. Gaudry (*Description des Animaux fossiles du Lébéron*, p. 26).

La forme relativement courte et épaisse de cet os permet en outre de le différencier des *Acerotherium* dont les membres sont plus grêles et plus élancés.

Famille des SUIDÉS

LISTRIODON SPLENDENS H. von Meyer var. MAJOR

Pl. III, fig. 4, 4ᵃ

1846. *Listriodon splendens* H. v. Meyer, *Ueber die Tertiärreste von la Chaux de Fonds*,[1] p. 464,
1859.   »   *Larteti* Gervais, *Zoologie et Pal. françaises*, 2ᵉ ed., pl. XX, fig. 2-4, p. 200, 201.
1887.   »   *splendens* H. v. Meyer, Depéret, *Vertébrés fossiles de la vallée du Rhône*, p. 186, üg. 2-4.
1899.   »   »   H. v. Meyer, *Stehlin Suiden Gebisses*,[2] p. 13, 85 et suivantes.

Pièces décrites.—Une dernière molaire isolée d'Aveiras de Baixo.

Description.—Cette dent, qui est la dernière molaire supérieure droite, à structure tapiroïde, est formée de deux collines transverses, séparées par une vallée assez profonde et bien ouverte de part et d'autre. La colline antérieure, presque rectiligne, forme une crête légèrement relevée du côté externe; la colline postérieure, un peu arquée, est plus courte que l'antérieure. De l'angle postérieur externe part une petite arête oblique, qui vient former en arrière de la couronne un talon rudimentaire.

Par sa forme générale, cette dent offre donc tous les caractères des arrières-molaires de *Listriodon* et en particulier du *Listriodon splendens* v. Meyer, du Miocène moyen, mais elle en diffère par une taille un peu plus considérable.

En comparant plusieurs arrières-molaires supérieures du *L. splendens* de la Grive-Sᵗ-Alban, où cette espèce est assez abondante, on peut s'assurer qu'il existe d'assez importantes variations de taille, ainsi que cela a été indiqué par M. Depéret[3] mais les dimensions des plus grands exemplaires n'atteignent pas celles de la forme du Portugal.

J'ai sous les yeux trois M^3 sup., de la Grive, qui mesurent respectivement, 23, 25, 26 mm. dans leur plus grande longueur tandis que la forme d'Aveiras de Baixo atteint 30ᵐᵐ,8. Bien que ces différences soient suffisantes pour séparer la forme du Portugal à titre d'espèce distincte, je crois cependant devoir la réunir provisoirement au *L. splendens* et me borner à la distinguer sous le nom de variété *major*, étant donné l'insuffisance des matériaux récueillis à Aveiras de Baixo.

L'augmentation de la taille de ces molaires tendrait à indiquer une évolution dans le temps de l'espèce du Miocène moyen: les formes de plus grande taille se trouvant en général à un niveau stratigraphique plus élevé que leurs congénères de petite dimension.

Rapports et différences.—Parmi les grandes espèces de *Listriodon*, il convient de signaler le *L. latidens* Biedermann[4] de la mollasse supérieure de la Suisse, dont la dentition inférieure seule a été figurée par Biedermann et les paléontologistes qui l'ont suivi. Il est donc bien difficile dans ces conditions de comparer la pièce du Portugal avec cette espèce autrement que sous le rapport de la dimension.

---

[1] *Neues Jahrbuch* v. Leonh. und Bronn, 1846.
[2] Loc. cit. ante, p. 50.
[3] Ch. Depéret: *Vertébrés miocènes de la vallée du Rhône*, p. 190.
[4] Biedermann: *Petrefacten aus der Umgegend von Wintherthur. Viertes Heft, Reste aus Veltheim*, p. 11, pl. VII, sous le nom de *Sus latidens*.

M. Stehlin,[1] qui a eu l'occasion de reprendre l'étude du *Listriodon latidens* cite, il est vrai, quelques dents supérieures, sans les figurer; il admet, dans son important mémoire, l'existence de deux formes de *Listriodon* évoluant parallèlement pendant le Miocène. Le premier groupe, qu'il désigne sous le nom de groupe des *Listriodon bunodontes*, comprend le *L. Lockarti* Pomel, du Burdigalien et le *L. latidens* Bied., caractérisés surtout par la forme de leurs molaires inférieures à mammelons très arrondis. Le deuxième groupe des *Listriodon tapiroïdes* dans lequel il place le *L. splendens* H. v. Meyer, possède au contraire des molaires dont les denticules tendent à se réunir par des crêtes transverses.

L'espèce du Portugal appartient incontestablement à cette deuxième catégorie.

Répartition stratigraphique.—Au point de vue stratigraphique la présence d'un *Listriodon* du groupe *splendens* est un fait important, cette espèce étant l'une des formes du Miocène moyen qui ont la plus grande repartition stratigraphique. Elle apparaît à Sansan, et se retrouve dans un grand nombre de localités du S. O. de la France; elle existe dans les bassins du Rhône (La Grive-St-Alban) et de la Loire, en Suisse et dans l'Allemagne du Sud où elle est répandue de l'Helvétien au Tortonien. En Autriche *L. splendens* a été rencontré à un niveau plus élevé, dans le Sarmatique des environs de Vienne.[2] Cette espèce a été rencontrée récemment dans le Pontique en Autriche par M. Vaceck; M. Stehlin qui a eu l'occasion de voir cette pièce l'attribue sans aucune hésitation au genre *Listriodon*.[3]

L'existence d'un *Listriodon*, du groupe *splendens*, dans les couches d'Aveiras de Baixo, n'entraine donc pas forcément le classement de ces assises dans l'Helvétien ou le Tortonien, et de plus, étant donné la taille un peu forte de ce type, il est assez probable que c'est plutôt à la base du Sarmatique, qu'il convient de le placer.

SUS PALÆOCHERUS Kaup

Pl. III, fig. 5, 5ª

1833. *Sus palæocherus* Kaup, *Descr. d'ossements fossiles du Musée de Darmstadt*, 2ᵉ cahier, pl. IX. p. 11, fig. 1–6.
1883. »   »   Kaup, Depéret, *Vertébrés miocènes de la vallée du Rhône*, p. 192, pl. XIII, fig. 34.
1899. *Sus palæocherus-chœroïdes* Stehlin, *Suiden Gebisses*, p. 55.

Pièce décrite.—Une deuxième arrière-molaire supérieure, isolée, d'Aveiras de Baixo.

Description.—Cette dent est assez fortement usée, mais permet cependant de saisir tous les traits caractéristiques de la structure. La couronne, un peu plus longue que large, est à peu près rectangulaire. Les tubercules principaux sont bien détachés et bien distincts et les tubercules accessoires peu nombreux et peu compliqués. Un léger bourrelet interne basilaire entoure le lobe postérieur, et vient se terminer contre le tubercule antérieur.

Dimensions

Longueur 25ᵐᵐ
Largeur.. 23

Cette dent porte quatre racines dont les deux antérieures sont brisées.

---

[1] Stehlin: *Suiden*, p. 83 et 84.
[2] Depéret: *Classification et parallélisme du syst. miocène.* B. S. G. F., IIIᵉ ser., t. 24, et Stehlin *Suiden.*
[3] Je dois ce renseignement à M. Stehlin qui a bien voulu me le donner de vive voix. Je saisis en même temps l'occasion de remercier le savant paléontologiste de Bâle pour les conseils qu'il m'a donnés à son passage à Lyon, et pour les matériaux de comparaison qu'il m'a communiqués avec tant d'empressement.

Rapports et différences.—Par ses caractères généraux cette pièce offre l'analogie la plus frappante avec la dent correspondante d'un crâne de *Sus palæocherus* du département de la Drôme conservé au Muséum de Lyon (Palais St-Pierre), figuré par M. Depéret (loc. cit. ci-dessus) et qui est au même degré d'usure, mais dont la taille est un peu moindre.[1] La pièce de la Drôme, ne mesure que 20^{mm},5 de longueur. Une molaire (M^2 sup.) de cette même espèce, provenant de Montréjau (H^{te} Garone), qui m'a été communiquée par M. Stehlin, de Bâle, est encore plus voisine de la forme du Portugal par ses dimensions; elle atteint 23 mm. de longueur et offre avec elle les plus grands rapports de structure et l'on pourrait même dire une complète identité si l'état d'usure n'était pas un peu différent.

Répartition stratigraphique.—Cette espèce est très répandue dans le Miocène moyen et supérieur, le type provient d'Eppelsheim et occupe surtout la partie supérieure de l'Etage Vindobonien.

Suivant M. Depéret cette forme se trouve déjà dans l'Helvétien du bassin du Rhône et du bassin de la Loire. Par contre, M. Stehlin, tout en admettant comme typique l'espèce de la mollasse de la Drôme, pense que cette espèce appartient réellement au Miocène supérieur; il ne l'aurait jamais trouvé en compagnie des Suidés caractéristiques du Miocène moyen, tels que *Listriodon splendens, Hyotherium simorrense* dans les gites authentiques de ce niveau. Cette espèce selon lui caractériserait plutôt les gisements du Miocène supérieur, à affinités plus récentes et dans lesquels on pourrait hésiter entre le Miocène et le Pliocène.

Quoiqu'il en soit, la forme du Portugal, de taille un peu plus grande que le type, est accompagnée dans le même gisement d'un *Listriodon* plus grand que le *L. splendens*. Cette évolution dans le même sens de deux espèces différentes, semble donc indiquer aussi une évolution dans le temps et je ne pense pas être bien loin de la vérité en plaçant ces deux types à la base de l'étage Sarmatique ou la partie tout-à-fait supérieure du Tortonien.

Famille des CERVULIDÉS

DICROCERUS sp.?

Pl. III, fig. 8, 8^a, 8^b

Pièce décrite.—Une molaire supérieure, gauche, isolée, d'Aveiras de Baixo.

Description.—La dent que j'ai sous les yeux est insuffisante pour décider dans quel genre il faut ranger l'animal auquel elle avait appartenu, la dentition des Cervidés miocènes n'étant pas caractéristique.

C'est une arrière molaire gauche de petite taille, (la dernière) non entammée par l'usure, à couronne peu élevée, composée de deux lobes très inégaux, l'antérieur étant le plus développé. Les deux tubercules externes sont légèrement imbriqués l'un par rapport à l'autre et portent chacun un pli médian, plus accentué dans le lobe antérieur.

La pointe antéro-externe est précédée d'un repli d'émail assez bien détaché de la muraille; la pointe postérieure porte deux replis, l'un en avant, l'autre en arrière, l'antérieur étant le plus développé.

La muraille externe est formée par deux croissants légèrement ridés dont l'antérieur porte

---

[1] Cet échantillon a été examiné par M. Stehlin qui le considère comme absolument typique, p. 56 et suivantes.

un pli d'émail bien accusé situé sur la partie postérieure du croissant. Le croissant postérieur est très régulier et naît vers la base du denticule antéro-externe, sans le toucher et se relie avec la colonnette postérieure du denticule postéro-externe.

Il existe en outre sur la face interne de la dent, un bourrelet basal épais et bien détaché des croissants.

Dimensions

```
Longueur maxima ........................................... 13ᵐᵐ
Largeur du lobe antérieur.................................... 14,5
```

Rapports et différences.—La présence d'un repli d'émail, sur la partie postérieure du croissant antérieur tendrait à rapprocher cette dent de celles des *Dicrocerus*, en particulier du *Dicrocerus elegans* Lartet, forme très abondante dans le Miocène de Sansan, de la Grive-Sᵗ-Alban et de Steinheim, qui possède cette particularité. Cependant l'échantillon du Portugal est de plus petite taille; la différence entre les deux lobes est aussi beaucoup moins forte dans la dernière molaire supérieure des dents du *Dicr. elegans* de la Grive-Sᵗ-Alban. Le bourrelet basilaire interne est aussi plus développé.

Ces caractères sont insuffisants pour séparer les molaires de *Dicrocerus* de celles des *Palæoryx*, genre très voisin, dont la dentition diffère seulement par la présence de canines tranchantes dans ce dernier groupe.

Par sa taille, et sa forme générale, la dent d'Aveiras de Baixo rappelle un peu l'*Hyæmoschus crassus* (Lartet)[1] de Steinheim; mais les molaires des *Hyæmoschus* ne possèdent pas le repli du croissant antérieur que nous avons signalé plus haut; les bourrelets basilaires sont assez forts dans le genre et analogues à ceux de notre espèce. Je pense donc qu'il y a lieu de remplacer, sous toutes réserves, le nom d'*Hyæmoschus* sous lequel cette dent était désignée dans les collections du Service Géologique à Lisbonne, par le nom de *? Dicrocerus*.

Famille des ANTILOPIDÉS

PALÆORYX sp.

Les collections de la Commission Géologique de Lisbonne, renferment une prémolaire incomplète provenant d'Aveiras de Baixo, qui se rapporte très probablement à une antilope de grande taille voisine du *Palæoryx Pallasi* Wagner.

Le mode de conservation de cet échantillon est assez différent des autres pièces de ce même gisement et se rapproche par contre de celui d'une molaire inférieure d'*Antilope* de Barreira das Pombas près de Villa Nova da Rainha, décrite plus loin; on peut donc se demander s'il n'y aurait pas là une erreur d'étiquette.

La présence d'un grand *Palæoryx* à Aveiras de Baixo est donc des plus douteuse.

---

[1] Fraas: *Die Fauna von Steinheim*, pl. X, fig. 2.

Famille des FELIDÉS

MACHAIRODUS JOURDANI Filhol

Pl. III, fig. 8

1883. *Machairodus Jourdani* Filhol, *Observations relatives à divers carnassiers fossiles provenant de la Grive-S'-Alban (Isère),*[1] p. 57, pl. IV, fig. 3, 4, 5.

Pièce décrite.—Une canine supérieure d'Aveiras de Baixo.

Description.—L'unique dent, conservée dans les collections du Service Géologique, possède sa pointe entièrement conservée; à la partie supérieure elle est brisée à peu près au niveau où elle pénétrait dans le maxillaire. Cette canine, de taille assez grande, est très fortement comprimée latéralement en forme de sabre, tranchante en avant et en arrière et très acuminée. Les deux faces latérales sont à très peu près symétriques; il est donc difficile de savoir si cette dent appartenait au maxillaire droit ou gauche. Sur chacune de ses faces et plus près du bord antérieur il existe un sillon peu profond et à bords doucement arrondis, très apparent vers la partie supérieure de la dent et qui vient s'évanouir à peu de distance de la pointe, à peu près au $^{4}/_{5}$ inférieur de la partie conservée de la dent. Le bord interne de la dent est un peu moins arqué que le bord externe, et les deux tranchants sont ornés d'un bout à l'autre de l'échantillon d'une très fine crénulation peu visible à l'œil nu mais très régulière et très nette à la loupe. Cette crénulation est semblable sur les deux tranchants.

Rapports et différences.—Trois espèces principales de *Machairodus* ont été décrites dans le Miocène: 1° le *Machairodus palmidens* Blainv.[2] du Miocène de Sansan; 2° le *Machairodus Jourdani* Filhol, de la Grive-S'-Alban et de Steinheim; 3° le *Machairodus aphanista* Kaup (=*M. leoninus* Roth et Wagner)[3] qui se rencontre dans les divers gisements de l'étage Pontique.

Ces trois formes, dont la taille va en augmentant à mesure qu'on s'avance dans la série géologique, possèdent toutes des canines très analogues à celle du Portugal. La forme d'Aveiras de Baixo est un peu plus grande que celle de Sansan, qui, comme elle, était finement dentelée sur toute sa longueur, aussi bien sur le bord postérieur que sur le bord antérieur. La figure donnée par Filhol et le texte n'indiquent, ni l'un ni l'autre, la présence d'un sillon latéral sur la canine du *Machairodus palmidens*.

L'espèce du Miocène de la Grive-S'-Alban et de Steinheim est la plus voisine par la taille de celle du Portugal; j'ai pu comparer l'échantillon type conservé au Muséum de Lyon (Palais S'-Pierre) qui m'a cependant semblé légèrement plus grand.

La section de la canine du *M. Jourdani* est tout-à-fait identique à celle de l'échantillon d'Aveiras de Baixo de même que le degré de courbure; cependant les crénelures qui sont très sensibles sur le tranchant antérieur de la dent sont beaucoup moins accusées sur le tranchant postérieur qui est à peu près lisse.[4] Il existe en outre sur les faces latérales des sillons très analogues à ceux de l'échantillon du Portugal.

---

[1] *Archives du Muséum d'Histoire Naturelle de Lyon*, t. III.

[2] Blainville: *Ostéographie g.* Felis, pl. XVII et Filhol: *Mammifères de Sansan* (An. Sc. Géol., t. 21, 1891, p. 47, pl. II).

[3] *Abhandl. K. Bayr. Akad.*, vol. VIII, pl. 5 et 9.

[4] Ce caractère pourtant facile à saisir sur la pièce originale n'a pas été indiqué dans la Planche des *Archives du Muséum*; Filhol n'en fait pas mention dans le texte, pas plus d'ailleurs que de la présence d'un sillon latéral, bien indiqué dans la figure et très apparent sur le type.

Les canines des *Machairodus* de l'étage Pontique sont beaucoup plus grandes et ne peuvent pas se confondre avec notre espèce, au moins étant donné la pièce que nous avons sous les yeux.

Il ne peut non plus être question d'assimiler cette pièce à l'*Eusmilus perarmatus* Gervais [= *Eusmilus (Drepanodon) bidentatus* Filhol],[1] nom sous laquelle elle était désignée dans les collections de Lisbonne. Outre que cette espèce appartient aux Phosphorites du Quercy c'est-à-dire à de l'Oligocène ancien, ses canines diffèrent sensiblement de la forme d'Aveiras de Baixo. La canine de l'*Eusmilus* était plus petite, à bord interne plus rectiligne, tandis que le bord externe était plus recourbé; le texte de Filhol ne fait mention ni de dentelures sur le tranchant, ni de sillon sur les faces latérales de la dent.

II.—ETAGE SARMATIQUE SUPÉRIEUR

Gisement de Fonte do Pinheiro près Azambuja

Ce gisement n'a donné que peu de restes de Vertébrés, cependant l'un d'eux mérite une mention spéciale; c'est une mandibule incomplète de *Hyotherium simorrense* Lartet, de grande taille. Avec cette pièce on a trouvé un fragment de maxillaire supérieur portant deux dents appartenant très probablement au même individu.

Les collections de la Commission Géologique contiennent en outre des fragments de dent de lait d'*Hipparion* qui d'après l'étiquette proviendraient de la même localité. Ces pièces dont l'aspect général et le mode de conservation diffère de ceux de l'*Hyotherium*, me semblent de provenance un peu douteuse. Cette association d'un *Hyotherium* avec un *Hipparion* n'a pas encore été signalée jusqu'à ce jour, et il faudrait d'autres matériaux de provenance indiscutable pour lever tous les scrupules. Les *Hyotherium* n'ont pas encore été rencontrés dans le Pontique, et sont surtout fréquents dans la partie supérieure du Miocène moyen.

Il est cependant très probable que les couches de Fonte do Pinheiro occupent un niveau supérieur à Simorre et à la Grive-S'-Alban, étant donné la taille considérable de l'*Hyotherium* trouvé en ce point, et je pense qu'il convient de classer ce niveau à la partie tout-à-fait terminale de l'étage Sarmatique.

Famille des **SUIDÉS**

HYOTHERIUM SIMORRENSE Lartet sp. (Stehlin em.)
var. DOATI Lartet

Pl. V, fig. 1, 1ᵃ, 1ᵇ

1851. *Sus simorrensis* Lartet, *Notice sur la colline de Sansan*, p. 33.
1851. *Sus Doati* Lartet, id., p. 33.
1899. *Hyotherium simorrense* Lartet, Stehlin, *Ueber die Geschichte des Suiden Gebisses*,[2] p. 12 (synonymie) et
     p. 49, 136, etc., pl. I, fig. 9, et pl. III, fig. 20, 21.

Pièces décrites.—Une mandibule gauche complète (moins la canine) et la première prémolaire. Un fragment de la mandibule gauche portant M^3, M^2, un deuxième fragment de cette même mandi-

---

[1] H. Filhol: *Phosphorites du Quercy* (An. des Sc. Géol , vol. 7, 1876, p. 153, pl. 28, fig. 139).
[2] Loc. cit., ante p. 50.

bule avec P^2. Un portion de maxillaire supérieur gauche, portant M^2 entière, M^3 et P^4 en grande partie détériorés.

Tous ces fragments appartiennent très probablement au même individu.

Description.—Le maxillaire gauche un peu tronqué en arrière et en haut, possède cependant une notable portion de sa branche montante. La partie antérieure est conservée, mais n'est pas en contact avec le maxillaire droit qui a été rapproché artificiellement dans sa position normale.

Cette mandibule est assez élevée par rapport à sa longueur; elle est proportionnellement plus haute que dans le *Sus major* Gervais, et probablement aussi moins épaisse, autant qu'il est possible d'en juger dans l'état de conservation du spécimen. La base de la mandibule, qui offre une légère sinuosité à la hauteur de la dernière molaire, se maintient horizontale jusqu'au niveau de l'intervalle entre P^3 et P^4; puis elle se relève régulièrement en faisant un angle très obtus jusqu'à la base de la canine. La branche montante s'insère assez obliquement sur la branche droite. Il est difficile de se rendre compte sur cette pièce s'il existait un diastème. Cependant la position de P^4 semble indiquer que la dentition n'était pas continue. La symphise n'est pas conservée.

Les deux dernières molaires M^3 et M^2 sont mieux conservées sur le fragment de mandibule droit. Elles offrent la structure caractéristique des Suidés: M^3, assez fortement entamée par la détrition, est triangulaire et très allongée, elle porte quatre tubercules principaux et un fort talon postérieur placé dans la ligne médiane de la dent. Un léger bourrelet entoure le denticule antéro-externe; M^2 un peu plus allongée dans le sens longitudinal que dans le sens transversal est rectangulaire, possède quatre tubercules arrondis surbaissés et très régulièrement coniques, un tubercule accessoire placé dans la vallée transversale est presque aussi important que les tubercules principaux; en arrière des tubercules postérieurs il existe un petit talon.

La deuxième prémolaire, manque à droite, et à gauche elle est fortement usée; elle est un peu plus petite que M^3 mais offre très sensiblement la même structure.

P^4 assez fortement dilatée en arrière, et plus comprimée en avant, est formée d'un tubercule principal conique précédé par un petit tubercule postérieur entamé comme lui par l'usure. Ce tubercule postérieur se relie à un léger bourrelet oblique externe qui s'atténue très rapidement. En avant de la pointe principale, il existe un bourrelet basal relevé sur la ligne médiane en un léger tubercule, relié avec elle par une crête longitudinale mousse.

La structure de P^3 est semblable à celle de P^4 mais la dent est plus comprimée dans son ensemble, plus régulièrement ovalaire, le tubercule principal plus conique et plus acuminé. Il est aussi légèrement usé.

P^2 est en très grande partie détérioré; elle devait être plus étroite encore que P^3 et plus tranchante.

L'état de conservation de la pièce ne permet pas de se rendre compte s'il existait une première prémolaire, caduque ou non.

La canine, brisée au sortir de l'alvéole, est en mauvais état de préservation; elle parait assez forte et à section triangulaire, la base du triangle étant tourné vers l'intérieur.

Le fragment de maxillaire supérieur, qu'il m'a paru inutile de figurer, porte une 2ᵉ molaire très analogue à la dent correspondante de la machoire inférieure, la couronne est peut être un peu moins haute, les tubercules sont plus arrondis et plus nettement détachés les uns des autres. Les dimensions sont très sensiblement les mêmes.

Dimensions

Longueur totale de la mandibule........................... 310ᵐᵐ
Espace occupé par la dentition (P^2—M^3)..................... 137
    »   »   par les molaires (M^1—M^3).................. 77

Rapports et différences.—Il est inutile d'insister ici sur la synonymie si complexe de cette espèce, il suffira au lecteur de se reporter au travail si consciencieux de M. Stehlin cité plus haut. Je me bornerai à comparer la forme du Portugal aux principaux types figurés.

L'échantillon de Fonte do Pinheiro offre tous les caractères de l'*Hyotherium simorrense*: développement du talon de la dernière molaire, présence d'un léger bourrelet antéro-externe, forme élargie des dernières prémolaires surtout de P^4 et semble se rapprocher surtout de la variété *Doati* Lartet (= *Sus Doati* Lartet) qui se distinguerait surtout du type par sa taille plus forte. Cependant la 3e molaire de l'*Hyotherium* du Portugal dépasse encore les dimensions de cette variété [*Hyotherium* du Portugal, $M^3 = 33$ mm.; *Sus Doati* (in Stehlin) $M^3 = 29$ mm.]

Grâce à l'obligeante communication de M. Stehlin, j'ai pu comparer les prémolaires de l'individu que je décris ici, avec le moulage en plâtre des dents figurées dans la planche III de son mémoire (fig. 20 et 21), provenant de Tutzing et conservées au Musée de Munich. Il m'a été ainsi facile de constater l'identité des échantillons des deux localités. Les exemplaires de Tutzing sont toutefois un peu moins usés que ceux de Fonte do Pinheiro.

Si l'on rapproche l'échantillon du Portugal de la forme de la Grive-St-Alban, désignée d'abord par M. Depéret sous le nom de *Hyoth. steinheimensis* race *grivense*[1] puis par M. Gaillard sous le nom de *Sus grivensis*[2] et réunis ensuite par M. Stehlin à l'*Hyoth. simorrense*, on constate des différences beaucoup plus sensibles. Si le plan général de la dentition, la proportion du talon de la dernière molaire, et l'épaisseur de P^4 sont les mêmes, il y a un assez grand écart dans la taille. Suivant les mesures données par M. Gaillard le *Sus grivensis* serait d'environs $^1/_4$ moins fort. (Longueur des molaires du *Sus grivensis* = 61 mm.)

L'*Hyoth. Sömmeringi* v. Meyer, de Göriach décrit par Hoffmann[3] et rapporté aussi au *Hyoth. simorrense* par M. Stehlin, est de la taille de l'espèce de la Grive.

La taille de l'exemplaire du Portugal suffit pour le différencier de l'*Hyotherium Sömmeringi*, v. Meyer (sensu stricto) qui est plus petit que le *Sus grivensis*. Les arrières-molaires inférieures de cette dernière espèce sont d'ailleurs plus étroites dans la région du talon, et la partie antérieure est moins élargie, ainsi que cela ressort des figures et description de M. Stehlin (pl. I, fig. 2), et surtout de la figure donnée par Peters[4] (pl. I, fig. 10) qui est au même degré d'usure.

Parmi les grandes espèces qui se rapprochent un peu du type du Portugal on peut rapprocher le *Sus major* Gervais, du Pontique. Cette forme est de taille bien plus grande, la mandibule moins haute et plus épaisse. La dentition diffère par une complication plus grande des tubercules des arrières molaires; la dernière prémolaire est plus ovalaire dans le *Sus major* elle est moins élargie en arrière, ses tubercules principaux se subdivisent en plusieurs tubercules secondaires, ce qui donne une forme moins régulièrement conique à la pointe principale. Des différences analogues peuvent se constater dans la 3e prémolaire, qui est plus simple dans la forme du Portugal.

En résumé il faut considérer la mandibule de Fonte do Pinheiro comme appartenant à une variété de grande taille de l'*Hyoth. simorrense* qui doit occuper un niveau stratigraphique un peu plus élevé que le type; il est assez probable que ce niveau doit être fixé au sommet de l'étage Sarmatique. Si la provenance des débris d'*Hipparion*, conservés dans le Musée de la Commission Géologique, recueillis au même point suivant l'étiquette qui accompagne ces pièces était bien prouvée, il faudrait sans doute même remonter l'âge de ce gisement jusqu'au Pontique inférieur.

---

[1] Depéret: *Archives du Muséum de Lyon*, t. v, p. 84.

[2] Gaillard: *Mammifères nouveaux ou peu connus de la Grive-St-Alban* (Archives du Muséum de Lyon. t. vii, p. 69, pl. IiI, fig. 5, 6, 8, 9.

[3] Hoffmann: *Die Fauna von Göriach*, (Abh. der K. K. Reichsanstalt, vol. xv, 1893).

[4] Peters: *Vierbelthiere aus der Miocaen Schichten von Eibiswald* (Abh. der K. Akad. der Wissenschaften, Bd. 29, Wien, 1869).

III.—ÉTAGE PONTIQUE

Environs de Villa Nova da Rainha

Famille des EQUIDÉS

HIPPARION GRACILE Kaup

Le gisement de Barreira do Gamboa près Villa Nova da Rainha a fourni cinq dents d'*Hipparion gracile* bien typiques, qu'il m'a paru inutile de figurer.

Ces dents, de teinte assez claire, ont gardé encore quelque trace d'une gangue gréseuse gris clair un peu verdâtre et fortement micacée.

Deux molaires supérieures gauches (M^3 et ? M^1) sont à peu près dépourvues de leur cément et très fortement usées; elles ont un fût très court. Une autre molaire supérieure droite (P^3 ou P^4) possède par contre un fût plus allongé et se trouve à un degré d'usure moins avancé. Le même point a donné, en outre, une molaire supérieure et une molaire inférieure à l'état de germe.

Ces diverses dents appartenaient à un *Hipparion* d'assez forte taille, probablement très comparable aux individus de grande dimension de Pikermi. L'émail, assez fortement plissé, ne présente pas de particularités importantes; la colonnette interlobaire est bien détachée et de forme ovalaire, plus petite et plus étroite dans la dernière molaire. Cette colonnette est encore plus comprimée dans la prémolaire supérieure droite.

Les variations, si nombreuses dans le détail de la structure, des dents des *Hipparion* des diverses localités classiques (Pikermi, Léberon, etc.) n'ont pas encore permis de préciser la position stratigraphique des diverses variétés. Nous devons donc nous borner à constater que les échantillons du Portugal étaient assez voisins de la forme lourde de l'Attique, et devaient vraisemblablement occuper le même niveau.

Famille des ANTILOPIDÉS

PALÆORYX taille de PALLASI Wagner
Pl. IV, fig. 4, 4ª

1857. *Antilope Pallasi* Wagner, *Neue Beitrage zur Kenntniss der foss. Säug. thier. von Pikermi*,[1] p. 149, pl. VII (IX), fig. 21-23.
1862. *Palæoryx Pallasi* Wagner, Gaudry, *Animaux fossiles de l'Attique*, p. 271, pl. XLVII, fig. 1-3.

Pièces décrites.—Une molaire inférieure (M^3) et une prémolaire incomplète provenant de Barreira das Pombas près Villa Nova da Rainha.

---

[1] *Abhandl. der K. bayerischen Akad. der Wissenschaften*, vol. VIII, München, 1857.

9

Description.—Cette dent qui est une dernière arrière-molaire inférieure droite est composée, comme toutes les molaires inférieures de ruminants, de quatre denticules et du talon caractéristique de la dernière.

Les pointes internes légèrement imbriquées offrent un pli médian assez accusé et un pli postérieur développé surtout à la pointe antérieure.

Les croissants externes sont aplatis; le bord antérieur du premier croissant vient se relier avec la pointe antéro-interne, tandis que le bord postérieur reste à une certaine distance de la pointe postéro-interne; le bord postérieur du deuxième croissant se relie ici avec le talon, qui a la forme d'un troisième croissant moins développé que les autres.

Cette molaire est relativement assez longue par rapport à sa hauteur et sa muraille externe est assez fortement inclinée en dedans, de telle sorte que la couronne de la dent est bien plus étroite que la base.

Il existe en outre un tubercule interlobaire, peu développé, entre le premier et le deuxième croissant, placé tout-à-fait vers la base de cet intervalle.

La surface de l'émail de la dent est chagrinée assez fortement, principalement sur la muraille externe.

Dimensions

```
Longueur................................................... 43mm,5
Largeur maxima............................................ 20
```

Rapports et différences.—Par sa forme générale cette dent rappelle au premier abord les *Palæoryx* miocènes tels que le *Pal. Pallasi* Wagner et le *Pal. ingens* Schlosser[1] qui se distinguent des formes du Pliocène *Pal. Cordieri* de Christol (=*A. recticornis* Gervais)[2] et *Pal. boodon* Gervais[3] par l'allongement de leur fût par rapport à la hauteur, et par la réduction très considérable de la colonnette interlobaire, qui est haute et bien développée.

La forme du Portugal est cependant de taille un peu plus forte que celle de Pikermi, suivant les dimensions données par M. Gaudry dans sa Description des Mammifères de l'Attique. Cette dernière molaire, mesure suivant les exemplaires conservés à Paris, au Muséum, 34 mm.; la dent du Portugal est d'environ ¼ plus forte.

Mais d'autre part, si l'on s'en rapporte aux mesures du *Pal. Pallasi* données par Wagner,[4] on s'aperçoit que le type de l'espèce atteindrait une très forte taille, environ 46 mm. pour la dent en question.

L'espèce de Samos décrite par M. Schlosser sous le nom de *Pal. ingens* est voisine de *Pal. Pallasi* par sa taille et par la structure des dents. Cependant les molaires de cette espèce ont une colonnette externe interlobaire bien développée dans M^1 qui devient moins importante dans M^2 et M^3, tandis que la forme de Pikermi est dépourvue de tubercules interlobaires. La dent du Portugal qui possède un rudiment de tubercule interlobaire tendrait donc par ce caractère à se rapprocher du *Pal. ingens*.

Je me bornerai à indiquer ces rapprochements sans pouvoir rapporter d'une façon certaine la pièce du Portugal à l'une ou l'autre de ces deux espèces, qui occupent le même niveau stratigraphique; des documents plus complets seraient nécessaires pour trancher la question.

---

[1] Schlosser: *Fossile Cavicornia von Samos. Beiträge zur Palæontologie und Geologie Oesterreich Ungarns und des Orients*, Bd. XVII, 1904, pl. VIII, fig. 4, 5, p. 43.

[2] *Zoologie et Paléontologie françaises*, p. 139.

[3] Gervais: *Bul. Soc. Géol. de Fr.*, 2e sér., t. x, 1852, p. 147, pl. V, et Depéret: *Animaux Pliocènes du Roussillon* (Mém. Soc. Géol. de Fr. Paléontologie, 1890, p. 91, pl. VII, fig. 1–8).

[4] Les dimensions étant données en pouces et lignes il est assez difficile de se rendre compte de la grandeur exacte de la pièce type décrite par Wagner. En prenant pour valeur du pied de Munich 0,492 ou arrive au résultat indiqué plus haut. Il ne faut pas en outre tenir compte des dimensions de la figure qui est certainement grossie, bien qu'il n'y ait aucune indication à ce sujet dans le texte ou dans l'explication des planches.

Famille des ELEPHANTIDÉS

MASTODON LONGIROSTRIS Kaup

Pl. V, fig. 7

1835. *Mastodon longirostris* Kaup, *Description d'ossements fossiles du Muséum grand ducal de Darmstadt,* 4ᵉ cahier, pl. XVI à XX, p. 65.
1887.   »   »   Kaup, Depéret, *Vertébrés miocènes de la vallée du Rhône,*[1] p. 141.

Pièce décrite.—Cette espèce n'est représentée dans les collections de la Commission Géologique de Lisbonne que par une dent incomplète, trouvée à la surface du sol aux environs de Valverde près Azambuja.

Description.—Ce fragment de dent inférieure est composée de deux collines postérieures et d'un talon bien développé. Les collines très arrondies n'ont pas encore été entammées par l'usure et se composent chacune de deux mammelons bien distincts. Dans la vallée qui sépare l'avant-dernière colline de la dernière il existe un petit tubercule qui l'obstrue en grande partie.

Cette pièce unique est bien insuffisante pour décider si réellement on se trouve en présence du *Mastodon angustidens* ou du *M. longirostris.* Ces deux espèces diffèrent, on le sait, par la structure de leurs molaires *trilophodonte* dans la première espèce (trois collines à l'avant-dernière molaire et quatre à la dernière) et *tetralophodonte* dans la seconde (quatre collines aux molaires intermédiaires et cinq à la dernière). Ce caractère n'est donc pas appréciable ici.

Cependant si l'on considère que le *M. longirostris* est ordinairement plus grand que le *M. angustidens,* que ses dents ont ordinairement une forme plus élargie par rapport à leur longueur, on aura une tendance à rapporter l'espèce de Valverde au type *longirostris.*

Remarquons en outre qu'il existe dans la dernière colline visible sur l'échantillon une tendance à l'alternance des mammelons, caractère assez fréquent dans cette espèce et surtout dans les types qui passent à la forme pliocène *M. arvernensis.*

Le *M. longirostris* est une espèce qui occupe toujours un niveau plus élevé que le *M. angustidens;* elle existe dans tout l'étage Pontique en Allemagne, en Autriche, en France et en Grèce.

---

[1] *Archives du Muséum d'Hist. nat. de Lyon, t. iv.*

Famille des EQUIDÉS

HIPPARION GRACILE Kaup

Le gisement de Barreira do Oleiro, près Azambuja, a fourni deux dents d'*Hipparion gracile:*
Une molaire inférieure de lait et une incisive supérieure gauche. Ces restes, tout incomplets qu'il
soient, sont facilement reconnaissables et viennent confirmer l'existence de l'étage Pontique dans
cette région.

Cette même espèce a aussi été rencontrée à Aveiras de Cima; elle est représentée dans cette
localité par une incisive, une molaire inférieure et une molaire supérieure adultes dont les dimensions concordent avec celles qui ont été trouvées dans les autres gisements du Portugal.

Gisement d'Archino près Ota

Ce gisement est l'un des plus anciennement connu, il a été autrefois exploré par le colonel
Ribeiro, qui y a découvert à la fois une faune de vertébrés et une flore intéressante étudiée par Heer.
J'ai donné plus haut (voir p. 8) quelques détails sur la position stratigraphique des marnes d'Archino
qui sont un point de repère précieux dans la géologie de cette partie de la vallée du Tage. .

Famille des EQUIDÉS

HIPPARION GRACILE Kaup
Pl. V, fig. 2, 3, 4
(Voir pour la synonymie complète les ouvrages suivants)

1873. *Hipparion gracile* Kaup, Gaudry, *Animaux fossiles du Mont Léberon.*
1887. »   » Kaup, Depéret, *Les vertébrés miocènes de la vallée du Rhône,* p. 165, etc.

Pièces décrites.—Cette espèce est représentée à Archino par les échantillons suivants:
1° Une série de six molaires inférieures droites ($P^2 — M^3$) et une prémolaire gauche (P^3) ap
partenant très vraisemblablement au même individu.
2° Deux molaires supérieures de provenance un peu douteuse.
3° Un fémur droit.
4° Un astragale et un calcanéum du côté droit.
5° Une vertèbre lombaire incomplète.

Description.—La dentition supérieure est formée de six dents peu usées, mais appartenant cependant à un individu adulte. Le première prémolaire (P^2) en forme de coin dirigé en avant montre

des replis d'émail très accentués, les deux bandes du 8 du denticule interne sont bien développées toutes deux. La colonnette d'émail antérieur recouverte d'un épais cément est peu apparente mais cependant bien visible sur P^3 et P^4; elle est plus distincte sur M^1.

La dentition supérieure n'est représentée que par deux molaires dont la provenance n'est pas certaine, mais dont le mode de conservation, quoique différent de celui des molaires inférieures, rappelle cependant beaucoup celui des os des membres authentiquement recueillis à Archino. Ces deux arrières-molaires (M^2 et M^1 ou M^3) sont caractérisées par la forme ovalaire, assez allongée d'avant en arrière de leur colonnette interlobaire, qui est bien détachée de la dent, et par les plissements relativement assez simples de leur lamelles d'émail. Le fût de ces dents est peu élevé, et le cément a complètement disparu.

Le fémur un peu disloqué par la pression des marnes, est cependant en bon état de conservation, son extrémité inférieure est bien complète; la partie supérieure de l'os ainsi qu'une partie du troisième trochanter manquent. Il est assez robuste et un peu plus grand que le fémur des *Hipparion* de grande taille du Mont Léberon.

Les mêmes observations peuvent se répéter pour le calcanéum et l'astragale dont le mode de fossilisation est absolument identique à celle du fémur. Il est donc à peu près certain que ces trois pièces font partie d'un même individu de taille assez forte et dont les dimensions correspondent bien à celle de la série dentaire.

La vertèbre rappelle par son mode de conservation les os des membres; elle est pourvue d'une apophyse épineuse dirigée en avant, et en partie détériorée; les apophyses transverses manquent. L'apophyse latérale antérieure droite et les deux apophyses articulaires postérieures sont bien conservées. D'après leur forme et leur disposition il est facile de constater que l'on se trouve en présence de la première ou de la deuxième vertèbre lombaire.

De l'ensemble des pièces recueillies à Archino on peut conclure que l'on a affaire ici à un *Hipparion* adulte de taille assez forte, intermédiaire entre les plus grands exemplaires du Mont Léberon (Vaucluse) et cependant un peu plus faible que la grande race de Pikermi. Les dimensions suivantes relevées sur les échantillons du Portugal comparées à celles de ces deux gisements indiquent ces relations de grandeur:

	ARCHINO]	LÉBERON (grande taille)	PIKERMI (grande taille)
Longueur des six molaires inférieures	$0^{mm},153$	$0^{mm},144$	$0^{mm},160$
Largeur maxima de l'extrémité inférieure du fémur	$0,079$	$0,074$	$0,094$
Epaisseur d'avant en arrière du fémur	$0,098$	$0,094$	$0,117$
Longueur du calcanéum	$0,113$	$0,100$	$0,120$

Les échantillons se rapportent donc sans hésitation à la race lourde de Pikermi. Des dimensions très analogues se rencontrent dans les pièces recueillies dans le Miocène supérieur de Montredon (Hérault) qui sont de taille plus grande que la plupart des *Hipparion* provenant de la vallée du Rhône.

D'après ce que vient d'être dit, il ne peut y avoir de doute sur l'identité de l'espèce du Portugal et de l'*H. gracile* du Pontique de Pikermi et du Léberon; il ne peut donc être question de le comparer avec l'*H. crassum* Gervais, du Pliocène moyen, qui se rencontre à Alcoy (Espagne) et dans le Midi de la France (Roussillon). Cette espèce, de taille un peu plus grande que la forme Miocène, possède une dentition à peu près identique; les membres sont par contre un peu plus trapus et plus lourds que dans l'*H. gracile*.

Famille des ANTILOPIDÉS

TRAGOCERUS AMALTHEUS Roth et Wagner
Pl. V, fig 5, 5*, 6

1873. *Tragocerus amaltheus* Roth et Wagner, Gaudry, *Animaux fossiles du Mont Léberon*, p. 50, pl. IX et X.
1887.   »   »   Roth et Wagner, Depéret, *Vertébrés miocènes de la vallée du Rhône*, p. 201.

Pièce décrite.—Une molaire supérieure droite (probablement M^2) d'Archino près Ota. Deux autres dents incomplètes de la même localité.

Description.—Cette dent, peu usée, est tout à fait identique par sa structure à celle du *Tragocerus amaltheus* du Léberon. La couronne est peu élevée, à muraille interne très oblique et à surface légèrement chagrinée. A la base du croissant postérieur il existe une colonnette interlobaire peu élevée, mais très nettement détachée du fût.

Dimensions

Largeur maxima .... 17^{mm}
Longueur 18,5

Ces dimensions sont un peu moindres que celles des dents correspondantes du Mont Léberon, et par suite bien plus faibles que celles de la forme de Pikermi, mais elles ne s'écartent pas assez du type de la vallée du Rhône pour que l'on ne puisse mettre ces différences sur le compte d'une variation individuelle.

Les molaires incomplètes sont tout-à-fait analogues comme dimensions à l'échantillon de la fig. 5.

OBSERVATIONS GÉNÉRALES

SUR LES

FAUNES DE MAMMIFÈRES DE LA BASSE VALLÉE DU TAGE

La liste des mammifères terrestres du Portugal, donnée à différentes reprises et en particulier par Fontannes,[1] puis par M. Cotter,[2] pour les niveaux inférieurs, est fort différente de celle qui va être donnée ci-après en suivant l'ordre chronologique des terrains. Les progrès des études stratigraphiques en Portugal et les connaissances plus complètes que l'on possède actuellement sur la répartition des faunes de mammifères à des niveaux précis, ont permis d'établir une liste plus homogène et mieux en harmonie avec les données acquises sur d'autres points.

I.—*Burdigalien*. La faune de ce niveau comprend cinq espèces:

> *Rhinoceros (Ceratorhinus) tagicus* nova species.
> *Rhinoceros (Teleoceras)* sp. un peu plus petit que *Rh. aurelianensis.*
> *Brachyodus onoïdeus* Gervais.
> *Palæocherus aurelianensis* Stehlin.
> *Pseudelurus transitorius* Depéret.

L'une d'elles le *Brachyodus onoïdeus* est tout à fait caractéristique de l'étage et se retrouve toujours au même niveau en France (Orléanais), en Suisse (Wintherthur), en Autriche (Eggenburg), en Egypte, sans offrir de variations sensibles.

Le *Palæocherus aurelianensis*, descendant direct du *Palæocherus typus* de l'Oligocène supérieur, existe à la fois dans le Burdigalien le plus typique et dans le Miocène moyen de Sansan.

L'un des *Rhinoceros*, trop incomplet pour être déterminable, paraît appartenir au même groupe que le *R. aurelianensis* (s. g. *Teleoceras*). L'autre, remarquable surtout par sa taille extrêmement réduite, plus petite que celle d'aucun des *Rhinoceros* connus est certainement nouveau et appartient à un tout autre groupe que l'*Acerotherium minutum* de l'Oligocène supérieur avec lequel il avait été jusqu'ici confondu. Je le considère comme une forme ancestrale directe du *Ceratorhinus sansaniensis*.

Enfin cette faune contient encore un *Pseudelurus*, intermédiaire entre la forme des Phosphorites le *Pseudelurus Edwardsi* et la forme du Miocène de la Grive-St-Alban le *Pseudelurus transitorius*, il se rapproche toutefois davantage de cette dernière espèce.

---

[1] *Note sur la découverte d'un Unio plissé dans le Miocène du Portugal*, p. 19, Lyon, 1883.

[2] *Sur les mollusques terrestres de la nappe basaltique de Lisbonne* (Communicações, t. IV, p. 129, 1900–1901).

Cette faune renferme donc des éléments connus ailleurs dans le Burdigalien et ne peut en aucun cas être attribuée à l'Oligocène supérieur ainsi que l'a indiqué autrefois M. Cotter. [1] Ce savant, convaincu de l'âge Burdigalien de ces assises par l'étude détaillée de la faune marine, est du reste revenu sur son opinion primitive. [2] Il est donc fort intéressant de constater que l'âge des couches de la base du Burdigalien est affirmé par le témoignage concordant des mollusques marins et des mammifères terrestres qui venaient échouer dans les bas fonds de cette mer et certainement très près de la côte.

II.—*Etage Helvétien.* Le synclinal miocène de la basse vallée du Tage s'approfondissant peu à peu avec l'Helvétien inférieur et les formations des environs de Lisbonne devenant de plus en plus marines il n'est pas étonnant que les débris de vertébrés terrestres soient encore rares à ce niveau. Cependant les nombreux travaux faits dans l'Helvétien supérieur pour l'extraction de la pierre ou pour d'autres causes ont amené la découverte de quelques dents de *Mastodon angustidens* très typiques. Cet animal, très répandu dans le Miocène européen, a subi des variations de taille assez considérables et en relation avec le niveau stratigraphique où on le rencontre. Les individus du Portugal, de taille moyenne, correspondent bien à ceux que l'on rencontre au même niveau dans le reste de l'Europe.

III.—*Etage Tortonien supérieur* ou *Sarmatique.* On se trouve plus embarrassé, lorsque, ayant dépassé le bassin marin de Lisbonne, on arrive au Miocène continental qui commence à peu près à la hauteur de Villa Nova da Rainha et s'étend sur de grandes surfaces jusqu'aux premiers contreforts paléozoïques au-delà d'Abrantes.

Le gisement de cette région qui me paraît le plus ancien est celui d'Aveiras de Baixo qui renferme les formes suivantes:

> *Rhinoceros (Ceratorhinus) af. sansaniensis* Lartet.
> *Listriodon* af. *splendens* var. *major.*
> *Sus palæocherus* Kaup.
> *Ruminant,* appartenant peut-être au genre *Dicrocerus.*
> *Machairodus Jourdani* Filhol.

Ces différentes espèces ne sont malheureusement représentées dans ce gisement que par des dents isolées, ce qui rend particulièrement difficiles, et même souvent un peu douteuses les assimilations spécifiques. Cependant, grâce au bon état de conservation des échantillons et en s'appuyant sur de nombreux materiaux de comparaison, il est possible d'en déduire quelques conclusions stratigraphiques.

La première de ces espèces est un *Rhinoceros* de petite taille qui a été rapproché avec quelques doutes du *Rh. sansaniensis* du Miocène inférieur de Sansan. Peut-être vaudrait-il mieux assimiler cette espèce à la petite forme de la Grive-St-Alban, [3] qui occupe un niveau stratigraphique plus élevé et qu'il y aurait probablement avantage à séparer de l'espèce de Sansan sous un nom spécifique nouveau.

Les *Rhinoceros* de petite taille sont assez fréquents dans le Miocène et ont été presque toujours désignés sous le nom de *Rh. minutus,* qui doit rester exclusivement reservé à un *Acerotherium* de l'Aquitanien. Parmi ces petites formes je citerai en particulier l'espèce du Miocène de Göriach [4]

---

[1] *Sur les mollusques terrestres de la nappe basaltique de Lisbonne* (Communicações, t. IV, p. 129, 1900–1901).

Ce n'est qu'à son corps défendant, et trompé par des déterminations inexactes des mammifères, que M. Berkeley Cotter avait attribué à l'Aquitanien supérieur la base du tertiaire marin de Lisbonne. La faune marine de ces couches lui semblait dès cette époque tout-à-fait caractéristique de l'étage Langhien (=Burdigalien). (Renseignement donnés par lettre par M. Cotter).

[2] Berkeley Cotter: *Esquisse du Miocène marin portugais* (*in* Mol. tert. du Portugal, par Dolfuss, Cotter et Gomes, p. 5).

[3] Depéret: *Vertèbres miocènes de la vallé du Rhône,* p. 177.

[4] Hoffmann: *Die Fauna von Göriach* (Abhandlungen der K. K. geologischen Reichsanstalt, vol xv, Wien, 1893, p. 55, pl. IX).

décrite par Hoffmann sous ce nom, qui semble se rapprocher de l'espèce de la Grive et qui est certai- nement un véritable *Rhinoceros*. Enfin Peters[1] a signalé, dans le Miocène d'Eibiswald, le *Rh. austriacus* autre forme de petites dimensions rapportée par Osborn[2] au *Rh. simorrensis*.

Le *Listriodon* d'Aveiras de Baixo est une forme de grande taille, plus forte que le type du *L. splendens* du Miocène moyen, que l'on peut séparer à titre de variété *major*. Il y a donc lieu de penser, d'après cette pièce, que ces couches appartiennent à un niveau assez élevé du Miocène moyen, sans atteindre l'étage Pontique où le genre *Listriodon* n'a encore été que très rarement signalé.

On est conduit à la même conclusion en examinant la dent de *Sus palæocherus* qui provient du même point; elle aussi, est de taille supérieure au type du Miocène moyen et tend à relever un peu l'âge des couches d'Aveiras de Baixo.

Le Ruminant que nous désignons sous le nom très douteux de *Dicrocerus*, ne peut nous être d'aucune utilité stratigraphique. Le *Machairodus* n'est représenté dans le gisement d'Aveiras de Baixo que par une canine très voisine de celle du *M. Jourdani* de la Grive-St-Alban.

L'ensemble de cette faune appartient donc, comme on le voit, au Miocène moyen, mais avec une tendance vers le Miocène supérieur, par la taille du *Listriodon* et du *Sus palæocherus*. D'après la position géographique du gisement, je pense qu'il faut placer la faune d'Aveiras de Baixo à peu près au niveau des couches de Mattão et du signal de Pombas où apparaissent pour la dernière fois les huîtres du Miocène marin, c'est-à-dire vers le Tortonien supérieur ou vers la base du Sarmatique.

IV.—*Étage Sarmatique supérieur ou base du Pontique.* A bien peu de distance de là, le gise- ment de Fonte do Pinheiro a donné une mandibule, en assez bon état de conservation, d'un *Hyothe- rium simorrense* (Lartet) Stehlin.

Ce Suidé, qui se trouve dans tout le Miocène moyen, est tout-à-fait typique. Bien qu'il soit d'un peu plus grande taille que le type du Midi de la France et que les formes rapportées à la même espèce par M. Stehlin; il semble cependant devoir occuper un niveau stratigraphique assez voisin du précédent horizon, et je n'hésiterais pas à le ranger dans les mêmes couches, si la position géo- graphique de Fonte do Pinheiro, qui est bien plus élevé qu'Aveiras de Baixo, ne semblait indiquer que l'on est ici en présence d'un horizon un peu plus élevé.

Il faut en outre mentionner, bien qu'il n'y ait pas lieu d'y attacher grande importance, que les collections de la Commission Géologique contiennent deux fragments de dents de lait d'*Hipparion gracile* provenant du même gisement. J'ai déjà dit plus haut que cette association d'un *Hyotherium* et d'un *Hipparion* ne paraissait pas rationnelle et que le mode de conservation de ces deux pièces était fort différent des autres.

Le gisement de Fonte do Pinheiro me paraît donc devoir être attribué au Sarmatique supérieur ou tout au plus à l'extrême base de l'étage Pontique.

V.—*Étage Pontique.* Je rattacherai à cet étage les gisements disséminés aux environs de Azambuja (Barreira do Gamboa, Valverde et Barreira das Pombas) et le gisement classique d'Ar- chino près Ota.

Ces divers points ont fourni:

Hipparion gracile Kaup (Barreira do Gamboa, Archino).
Palæoryx taille de *Pallasi* Wagner (Barreira das Pombas).
Tragocerus amaltheus Roth et Wagner (Archino).
Mastodon longirostris Kaup (Valverde).

L'*Hipparion* du Portugal est de taille assez forte, analogue à la race lourde de Pikermi. Cette espèce suffit pour classer ces assises dans le Pontique, surtout lorsqu'elle est associée comme à Archino au *Tragocerus amaltheus*.

---

[1] Peters: *Vierbelthiere aus der miocaen Schichten von Eibiswald* (Abh. K. Akad. Wiss., Bd. 29).
[2] Osborn: Loc. cit. ante, p. 259.

Le *Mastodon longirostris* n'a pas été recueili en place, mais provient certainement des environs de Valverde. Sa présence, du reste, ne peut que confirmer l'âge pontique des couches de cette région.

Le fait le plus intéressant qui malheureusement n'est affirmé que par une dent isolée, consiste dans la présence d'un *Palæoryx* de taille très analogue au *Palæoryx Cordieri* du Pliocène moyen.

VI.—*Pliocène et Quaternaire.* La vallée du Tage n'a pas encore donné de Vertèbrés de l'époque Pliocène, et je ne connais du Quaternaire qu'une série de dents d'un *Equus* trouvé a Quinta do Gaio de Baixo aux environs de Cartaxo, en compagnie d'une petite faune de mollusques terrestres non encore étudiée jusqu'ici. Cette pièce composée de quatre dents inférieurs n'est pas en assez bon état de conservation pour qu'il soit possible de la décrire.

CONSIDÉRATIONS GÉNÉRALES

SUR

L'HISTOIRE DE LA PÉRIODE TERTIAIRE DANS LA BASSE VALLÉE DU TAGE

Dans l'introduction de ce travail, j'ai indiqué combien étaient rares les documents permettant de reconstituer l'histoire géologique de la vallée du Tage, si l'on en excepte les environs de Lisbonne bien connus et bien décrits.[1] Un essai d'interprétation des phénomènes tectoniques et orographiques qui ont ammené l'état actuel semble donc un peu prématuré; cependant, en attendant que les travaux de M. Torres soient venus faire la lumière sur tous les points obscurs, il m'a paru intéressant de donner une idée générale des changements successifs qu'a dû éprouver cette région depuis la fin de la période secondaire.

La fin du Crétacé coïncide avec un mouvement d'émersion de la région lusitanienne, qui paraît analogue à celui qui provoquait au même moment la formation de surfaces continentales dans le Midi de la France et le Nord de l'Espagne.

---

[1] Liste bibliographique des principaux ouvrages relatifs au Tertiaire du Portugal; (je mentionne ici seulement les travaux auxquels j'ai eu l'occasion de faire de fréquents emprunts dans ce résumé) :

1846. Carlos Ribeiro: *Descripção do terreno quaternario das bacias do Tejo e Sado* (av. trad. française).

1878. Carlos Ribeiro: *Des formations tertiaires du Portugal* (Congrès géologique international à Paris).

1879. Berkeley Cotter: *Contribuições para o conhecimento da fauna terciaria de Portugal* (Jornal de Sc. Math. Ph. e Nat., n.° XXVI).

1881. Heer: *Contributions à la flore fossile du Portugal* (Mém. de la Section des travaux géologiques du Portugal).

1883. Fontannes: *Découverte d'une Unio plissée dans le Miocène du Portugal.* Lyon, Paris, 1883.

1884. Fontannes: *Note sur quelques gisements nouveaux des terrains tertiaires du Portugal* (Annales des sciences géologiques, t. XVI, 1884).

1889. P. Choffat: *Étude géologique du tunnel du Rocio* (Mém. de la Sect. des trav. géol. de Portugal).

1895. P. Choffat: *Note sur les tufs de Condeixa et la découverte de l'Hippopotame en Portugal* (Communicações, t. III).

1896. P. de Loriol: *Description des Echinodermes tertiaires de Portugal* (av. un tableau stratigraphique par M. Berkeley Cotter).

1900. Berkeley Cotter: *Sur les mollusques terrestres de la nappe basaltique de Lisbonne* (Communicações, t. IV).

1900. P. Choffat: *Aperçu de la géologie du Portugal* in *Le Portugal au point de vue agricole.*

1900. P. Choffat: *Le Crétacique supérieur au Nord du Tage.* Appendice: *Le Tertiaire entre Nazareth et le Mondégo* (p. 261-267).

1903. Berkeley Cotter: *Esquisse du Miocène marin portugais* in *Mollusques tertiaires du Portugal.—Planches de céph. gastérop. et pélécypodes laissées par Pereira da Costa,* par Dollfus, Cotter et Gomes (Mém. de la Commis. du serv. géol. du Portugal).

Cette émersion était déjà annoncée pendant le Turonien par l'existence de nombreux bancs de Rudistes dans la mer crétacée, et ce mouvement s'accentue avec le Sénonien, dans lequel apparaissent fréquemment les dépôts à plantes terrestres signalés par M. Choffat. Il est donc assez probable que cette région a été soumise aux phénomènes de plissements *ante-Sénoniens* qui ont été bien mis en lumière dans la région alpine.

Le contre coup de ces mouvements a eu pour effet, de produire de nombreuses fractures, par où ont pu s'épancher les coulées de basaltes et les tufs de projection volcanique qui recouvrent le Crétacé aux environ de Lisbonne, et qui sont connus sous le nom de *Nappe basaltique des environs de Lisbonne.*

Les points d'émission de ces coulées n'ont pas encore été étudiés de près et l'on s'est jusqu'à ce jour borné à observer la répartition de cette nappe volcanique, qui varie d'épaisseur suivant les points d'une façon très considérable (de 200ᵐ de puissance à quelques mètres seulement). La nappe basaltique contient en divers points des conglomérats et des marnes sableuses lie de vin interstratifiés entre les coulées, contenant une faune de mollusques terrestres très spéciale étudiée par Tournouër, puis par M. Berkeley Cotter.

Cette faune [*Bulimus (Plecocheilus) Ribeiroi* Tourn., *Bul. Olisipponensis* Tourn., *Pupa Tournoueri* Cotter, *Bul. Carnaxidensis* Cotter] n'a jamais été rencontrée ailleurs, et rappelle par son aspect général et sa composition la faune du Danien de Provence mais elle n'a cependant avec elle aucune espèce commune.

Elle semble par contre différer beaucoup des faunes continentales de l'Eocène de la même région qui se retrouvent dans le Nord de l'Espagne. Il est donc fort difficile de lui attribuer un âge précis, dans l'état actuel de nos connaissances, mais je ne crois pas cependant qu'il soit possible de la rattacher à un niveau élevé de l'Eocène.

L'âge de la nappe basaltique est donc incertaine et peut varier depuis le Danien jusqu'à l'Eocène?

Il est tout aussi difficile de fixer l'âge des couches immédiatement superposées à la formation volcanique. Dès la fin des éruptions, un régime torrentiel s'est établi sur les environs de Lisbonne; les reliefs montagneux, créés par les mouvements de la fin du Crétacé, sont demantelés et les matériaux, arrachés au Secondaire et à la nappe basaltique elle-même, vont s'accumuler dans les dépressions de la basse vallé du Tage qui était en même temps soumise à un mouvement lent et continu d'abaissement. Ainsi se forme le *conglomérat de Benfica* dont les affleurements entourent la nappe basaltique d'une ceinture continue. Cet horizon n'a encore donné aucun fossile qui permette d'en fixer l'âge. Les auteurs de la carte géologique du Portugal se basant sur la superposition immédiate des marnes du Burdigalien inférieur sur ces cailloutis l'ont attribué à l'Oligocène.

J'adopterai volontiers cette hypothèse, en faisant remarquer que cette puissante formation de conglomérats est l'indice certain du commencement d'un mouvement d'immersion qui va amener les eaux de l'Atlantique sur l'emplacement actuel de Lisbonne.

Pendant le Burdigalien inférieur, la mer ne devait pas être très profonde dans la basse vallée du Tage, témoin, les mollusques marins tous littoraux, contenus dans les assises I, II et III du tableau de M. Cotter. A ce fait vient s'adjoindre la présence de mammifères terrestres à la base de l'étage, entraînés sans doute à très peu de distance du rivage par un cours d'eau débouchant dans l'Atlantique aux environs de l'Avenida Estephania *(Brachyodus onoïdeus, Rhinoceros tagicus, Palæochærus aurelianensis, Pseudelurus transitorius* de Horta das Tripas).

C'est è un phénomène de même ordre qu'il convient d'attribuer les dépôts argileux à empreintes végétales de Quinta do Bacalhau décrites par Oswald Heer.

A la fin du Burdigalien, ou tout au plus au commencement de l'Helvétien, il devait exister des surfaces continentales assez étendues au N. de Lisbonne, aux environs d'Almargem et de Bellas (lambeaux isolés de Quintanellas avec mollusques terrestres, etc.) tandis que vers le Sud la mer helvétienne atteignait à peine les rives du Sado (mollusques terrestres dans les couches marines de Palma et d'Alcacer do Sal).

Comme dans le reste de l'Europe, le Vindobonien parait en transgression marquée sur le Burdigalien, mais l'invasion marine semble cependant s'arrêter assez près de Lisbonne et ne pénètre guère au délà d'Alemquer. D'après des renseignements qui m'ont été donnés verbalement par M. Cotter, en plusieurs points le Vindobonien repose directement sur le conglomérat de Bemfica au Nord de Lisbonne. Je ne puis malheureusement préciser davantage ce fait important qui sera certainement mis en lumière lorsque M. Cotter aura publié sa belle carte detaillée des environs de Lisbonne.

Le rivage cependant était peu éloigné durant les périodes Helvétienne et Tortonienne, ainsi que le demontrent les dents de *Mastodon angustidens* trouvées à plusieurs reprises dans l'Helvétien de Marvilla. Cependant le golfe de Lisbonne devait s'approfondir progressivement pendant le Tortonien pour permettre le dépôt considérables des sables à *Pecten tenuisulcatus* et des grès et sables argileux à *Pecten scrabellus* var. *macrotis* qui leur succèdent. Suivant M. Cotter, l'ensemble du Tortonien et de l'Helvétien atteint une épaisseur variant entre 143 et 187 mètres, tandis que le Burdigalien de 125 à 140 mètres de puissance.

Avec le Tortonien se termine le Miocène aux environs de Lisbonne, et les couches immédiatement superposées sont les sables pliocènes d'Alfeite à végétaux terrestres, et rares mollusques marins, qui viennent reposer en discordance sur les dernières assises du Miocène moyen.

Il y a donc eu émersion de la basse vallée du Tage aux environs de Lisbonne à l'époque Pontique, et cette émersion est la conséquence directe des mouvements alpins qui se sont fait sentir avec beaucoup d'intensité dans la péninsule ibérique. On se souvient, en effet, que c'est à cette époque que surgit la chaîne bétique et que se forme la grande communication de l'Atlantique avec la Méditerranée par la vallée du Guadalquivir.

La preuve de ce mouvement du sol *post-Tortonien* et *ante-Pontique* nous est donnée par le redressement des couches marines du Miocène, qui forment un synclinal dont l'axe passait au Sud de la coupure de l'estuaire du Tage. Le flanc Nord de l'anticlinal comprend toutes les assises marines des environs de Lisbonne sur les deux rives du fleuve; le flanc Sud est formé par la chaîne de hauteurs qui domine la côte maritime depuis Setubal jusqu'au Cap d'Espichel et connue sous le nom de Serra d'Arrabida.

La mer était donc chassée de la basse vallée du Tage et le fleuve commençait à remblayer son cours inférieur à l'aide des matériaux empruntés à la bordure secondaire et paléozoïque de son cours supérieur.

Ce remblaiement a du commencer dès le début du Miocène, et peut-être même pendant l'Oligocène. C'est très probablement à cette époque qu'il convient d'attribuer; 1° les calcaires d'eau douce à *Nystia tagica,* 2° les conglomérats et les marnes sousjacents, qui reposent directement sur le secondaire et forment une bande presque continue s'étendant depuis le Sud vers Carregado jusque dans la direction de Rio Maior.

Les documents manquent encore, pour préciser l'emplacement de la vallée du Tage à l'époque burdigalienne, au Nord de la rivière tout au moins, parce que dans toute cette région les couches supérieures, Vindobonien et Pontique viennent reposer en discordance sur l'Oligocène, puis sur le Secondaire (environs de Rio Maior).

La transgression marine du Vindobonien se fait sentir jusqu'au délà de Villa Franca, ou pour préciser d'avantage, jusqu'à la hauteur de la rivière qui arrose Ota. Plus au Nord, ce sont des couches franchement continentales qui représentent la partie supérieure du Vindobonien, (marnes d'Aveiras de Baixo à *Listriodon splendens, Sus palæocherus, Machairodus Jourdani)* mais qui disparaissent bientôt sous les marnes pontiques de la région d'Archino et d'Azambuja avec *Hipparion gracile* et *Tragocerus amaltheus.*

Puis viennent les calcaires de Cartaxo qui couvrent une immense surface, et offrent une faune de mollusques nettement pontique. Ces couches qui s'étendent jusqu'au délà de Thomar forment la partie terminale du Miocène dans toute cette région, et ne sont recouvertes par aucune autre assise.

Pendant cette période le Tage devait se déverser vers le Sud et couvrir de ses bras ou de ses marécages une grande partie de l'Alemtejo et déboucher dans l'Atlantique bien au Sud du Cap d'Espichel; l'estuaire actuel étant certainement de date très récente.

L'histoire de la période Pliocène dans la vallée du Tage est plus difficile à reconstituer par suite du manque de documents. La mer a du faire un nouveau retour offensif dans les environs immédiats de Lisbonne, mais l'immersion n'a été que de courte durée et ne s'est pas beaucoup étendu vers l'Est. La découverte faite par M. Choffat dans les sables d'Alfeite de débris de mollusques marins en mauvais état de conservation suffisent pour affirmer l'existence de la mer en ce point, très probablement à l'époque plaisancienne; mais, cette faune marine était accompagnée de nombreux débris de feuilles de végétaux terrestres indiquant la grande proximité du rivage.

Cette immersion de l'estuaire du Tage pendant le Pliocène inférieur a eu pour conséquence le changement du niveau de base de la vallée fluviale, et des ravinements se sont fait sentir à l'amont. C'est ainsi que l'on voit à Setil, les marnes qui reposent sur le calcaire de Cartaxo, ravines par des sables blancs un peu grossiers. Ces sables supportent à leur tour à Santarem, des calcaires renfermant une faune d'eau douce qui appartient nettement au Pliocène inférieur.

Je n'ai encore aucun document permettant d'étudier le Pliocène moyen et supérieur. Il faut probablement attribuer à ce dernier terrain des tufs à empreintes de végétaux [1] formant plusieurs niveaux successifs dans la région de Pernes. Peut-être, convient-il de voir, là, l'équivalent des tufs de Condeixa qui ont fourni de nombreux ossements d'*Hippopotamus major* accompagnés d'*Elephas meridionalis*.

Je n'ai pas observé non plus de hautes terrasses quaternaires dans cette région, mais il est bien probable que des recherches ulterieures feront découvrir les différents niveaux d'alluvions communs à tous les fleuves d'Europe. Il y a certainement en ce point une difficulté due au peu de consistance des couches miocènes qui sont la plupart du temps à l'état de marnes ou de cailloutis à éléments non cohérents. Ces terrains essentiellement meubles n'ont pu conserver la forme donnée par les différents niveaux du cours d'eau quaternaire. Il existe cependant une basse terrasse élevée d'une dizaine de mètres au-dessus du niveau du fleuve.

Les lacunes sont encore nombreuses, comme on le voit par cet exposé sommaire, et peut-être faudrat-il dans l'avenir modifier un certain nombre de ces conclusions lorsque les matériaux paléontologiques seront plus abondants. Une petite partie seulement de ce vaste bassin du Tage a été exploré avec détail, il reste encore à poursuivre les observations dans l'Alemtejo. C'est dans cette direction je l'espère que se tourneront les efforts des savants membres de la Commission Géologique, qui a déjà bien mérité de la science par ses nombreuses et importantes découvertes.

Lyon le 18 juillet, 1906.

---

[1] Une série des empreintes végétales, que j'ai recueillis moi même dans les tufs de Pernes, a été soumise à la haute compétence de M. Fliche, qui a bien voulu se charger de leur détermination. On trouvera ci-après les renseignements qu'il m'a communiqués à ce sujet. Je tiens à le remercier ici tout particulièrement de l'empressement qu'il a mis à se charger de cette étude.

NOTE

SUR QUELQUES EMPREINTES VÉGÉTALES RECUEILLIES DANS LES TUFS DES ENVIRONS DE PERNES

PAR

M. FLICHE

Pendant le cours de mon voyage en 1905 en Portugal, j'ai eu l'occasion de recueillir un certain nombre d'échantillons de tufs calcaires couverts d'empreintes végétales, et occupant plusieurs niveaux sur les flancs de la vallée de la rivière d'Alviella qui coule au pied du village de Pernes. L'étude de ces végétaux présentait le plus grand intérêt au point de vue stratigraphique en l'absence d'autres documents paléontologiques. J'ai donc prié M. Fliche, dont la compétence en Botanique fossile est bien connue et qui mieux que tout autre pouvait aborder l'étude difficile de ces matériaux en général de conservation imparfaite, de vouloir bien s'occuper de leur étude. Ce savant a répondu avec le plus grand empressement à ma demande et je tiens à lui en exprimer toute ma gratitude.

Voici quel a été le résultat de ces observations:

ACOTYLÉDONES CELLULAIRES

Quelques débris de mousses absolument indéterminables.

MONOCOTYLÉDONES

Nombreux fragments de tiges et de feuilles provenant de *Graminées,* probablement aussi de *Cyperacées* et de *Typhacées*. Tout cela est si incomplet que même en y dépensant beaucoup de temps on n'arriverait pour quelqu'uns qu'à de vagues rapprochements.

Une seule empreinte me paraît provenir d'un fragment de feuille d'un palmier qui serait le *Chamœrops humilis,* mais en bien mauvais état de conservation.

ACOTYLÉDONES VASCULAIRES

Les Acotylédones vasculaires et les Dicotylédones, bien que les empreintes soient très fragmentées et ne donnent pas en général le bord des feuilles, fournissent de meilleurs résultats.

Les premières sont représentées par plusieurs débris de frondes, d'une seule et même espèce, trois d'entre eux sont assez grands pour permettre l'étude. La nervation est très bien conservée, malheureusement, on ne voit nulle part la forme du contour de l'organe. Malgré cela, il me semble hors de doute que l'on est en présence de l'*Adiantum reniforme* Lin. une fougère qui habite aujourd'hui, entre autres pays, les Canaries, l'Abyssinie, Madère, mais n'existe plus dans l'Europe actuelle où elle se trouvait à l'époque pliocène. Seule parmi les fougères habitant actuellement en Portugal, l'*Adiantum capillus veneris* pourrait donner des fragments d'empreintes susceptibles d'être confondues avec l'espèce précédente, mais même sur les plus gros échantillons les pinnules n'atteignent jamais les dimensions que révèlent les empreintes de Pernes, et de plus il y aurait des traces de rachis qu'on ne voit non plus jamais sur ces dernières, enfin la nervation est aussi plus accentuée chez celles-ci.

DICOTYLÉDONES

Les Dicotylédones fournissent d'abord trois espèces sans intérêt pour la solution de la question de l'âge des tufs de Pernes, puisque toutes vivent aujourd'hui en Portugal, ce sont:

le Lierre *(Hedera helix* Lin.)

le Chêne Kermès *(Quercus coccifera* Lin.), représentés chacun par un fragment important de feuille sur le même échantillon.

le Chêne Yeuse *(Quercus Ilex* Lin.) représenté par deux grands fragments de feuilles; il est bon de faire remarquer que celui-ci ressemble aux plus petites feuilles que Saporta a décrites sous le nom de *Quercus præcursor* qu'il considère comme le père de l'Yeuse, mais ce dernier chêne est si variable et présente notamment dans les stations fraîches des feuilles si différentes du type habituel, surtout par leur taille, que l'espèce de Saporta serait discutable.

La Dicotylédone la plus commune est un *Érable;* il se trouve sur tous les échantillons qui ne contiennent pas exclusivement les monocotylédones, malheureusement on ne voit que très exceptionnellement des traces du bord de la feuille et jamais de façon à bien se rendre compte des contours de l'ensemble.

On peut affirmer cependant, d'après le nombre des nervures principales, leur direction, la faiblesse relative de la nervation, qu'il ne s'agit d'aucun des espèces vivant actuellement en Portugal. Je pense que ce doit être l'*Acer laetum* A. Meyer, aujourd'hui étranger à l'Europe mais vivant sous différentes formes, fréquemment distinguées par des noms spécifiques, du Caucase au Japon. On l'a signalé en abondance dans le Pliocène moyen, ainsi à Meximieu et dans les *Cinérites* du Cantal.

La seule espèce avec laquelle, sur des échantillons incomplets, il pourrait y avoir confusion, est l'*Érable plane (Acer platanoïdes),* mais la présence de cette espèce montagnarde, est peu probable en Portugal au milieu d'une flore évidemment de climat très tempéré, ou même chaud. Les empreintes révèlent des feuilles dont les lobes étaient plus arrondis que chez l'*Érable plane* et surtout très sensiblement plus petites que dans cette dernière espèce, même sur les individus qui les ont le moins développées.

J'ai encore trouvé diverses autres espèces mais que je ne pourrais déterminer sans des recherches plus approfondies. L'une d'elles cependant pourrait bien être une feuille très petite de *Myrsine africana,* espèce trouvée dans les *Cinérites,* mais c'est une simple indication qui n'est rien moins que certaine.

En résumé, les tufs de Pernes semblent *pliocènes;* ils se seraient même déposés dans le Pliocène moyen, si l'on s'en rapporte aux dépôts dans lesquels ont été signalés l'*Adiantum reniforme* et l'*Acer laetum,* mais il peut se faire que les deux espèces aient persisté plus longtemps en Portugal qu'en France.

Bien que les déterminations, de ces espèces caractéristiques me semblent certaines, il serait bon d'avoir des empreintes plus complètes pour acquérir une certitude absolue sur l'âge de ces tufs.

SUPPLÉMENT A LA PREMIÈRE PARTIE

(MOLLUSQUES TERRESTRES)

L'impression de ce mémoire était fort avancée, lorsque M. Torres m'a expédié un certain nombre d'échantillons de mollusques terrestres, provenant en partie des régions étudiées dans la première partie de ce travail. Quelques espèces, qui jusqu'ici n'étaient représentées que par de mauvais échantillons, ont été retrouvées en meilleur état de préservation, et montrent des caractères qui avaient échappé dans les spécimens précédemment décrits.

Je profite donc de l'occasion qui m'est offerte, pour modifier quelques-unes de mes déterminations antérieures.

Gisements de Valle d'Obidos et de Asseiceira près Rio Maior

(ETAGE PONTIQUE)

HELIX (IBERUS) DELGADOI nov. sp.

(Voir 1ᵉ partie, p. 15, pl. I, fig. 14, 14ᵃ, 14ᵇ)

Le premier envoi de fossiles ne renfermait que deux exemplaires incomplets de cette intéressante espèce; cinq nouveaux échantillons provenant de la même localité m'ont été communiqués. L'un d'eux est pourvu de son test, quatre autres échantillons sont à l'état de moules internes; le moule externe de l'un d'eux a été aussi conservé et permet d'étudier en détail l'ornementation chagrinée de la surface si spéciale dans les espèces de ce groupe.

Nous n'avons pas à revenir sur la forme générale de ce type, dont les échantillons précédemment décrits et figurés donnent une idée très suffisante; mais l'un des moules internes permet de compléter la description de la bouche, et de modifier la diagnose de la manière suivante:

Ouverture triangulaire, à péristome discontinu, labre simple, ou à peine réfléchi sur la partie supérieure du tour, très fortement réfléchi sur la partie inférieure jusque dans le voisinage de la columelle.

Cette partie du labre se traduit sur le moule interne par un profond sillon, visible depuis la perforation columellaire jusque sur le bord de la carène. Ce caractère rapproche beaucoup l'*Helix Delgadoi* de l'*H. Gualtieriana* actuelle, et ne laisse aucun doute sur la place à attribuer à cette espèce dans la section *Iberus* des Hélicidés.

HELIX (CARACOLINA) PRÆLUSITANICA nov. sp.

(Voir 1e partie, p. 34, pl. I, fig. 38, 38ᵃ, 38ᵇ, 38ᶜ)

Les calcaires de Casaes de Valle d'Obidos et de Asseiceira près Rio Maior contiennent des exemplaires très reconnaissables de l'*H. prælusitanica*, dont quelques-uns sont à l'état de moules internes. L'ornementation est identique à celle du type décrit dans les couches de Quitanellas qui appartiennent à un niveau un peu inférieur.

HELIX CARTAXENSIS nov. sp.

(Voir 1e partie, p. 14, pl. I, fig. 13, 13ᵃ, 13ᵇ, 13ᶜ)

Un exemplaire bien complet et tout-à-fait identique à ceux de Cartaxo provient d'Asseiceira près Rio Maior.

HELIX sp.

Deux autres espèces d'*Helix* proviennent de la même région, mais ne sont pas en état de conservation suffisant pour être déterminées avec certitude. L'une d'elles provenant d'Asseiceira est représentée par trois ou quatre exemplaires de petite taille pourvus de leur test. C'est une espèce assez fortement carènée, qui ne me semble pas avoir encore atteint sont complet développement.

L'autre espèce est à l'état de moule interne et se rapproche des formes du groupe de l'*Helix Larteti* Noulet.

PATULA (JANULUS) OLISIPPONENSIS nov. sp.

(Fig. 8, dans le texte)

Diagnose.— *Coquille de petite taille, presque plane en dessus convexe en dessus, pourvue d'un ombilic profond, conique, peu évasé, laissant apercevoir à l'intérieur les tours de spire.*

Spire composée de sept à huit tours, à peine convexes en dessus, séparés par des sutures profondes, à croissance régulière; le dernier tour étroit en dessus et convexe en dessous.

Ouverture étroite ovalaire, à péristome discontinu probablement droit.

Test orné de nombreuses costules assez fortes et très régulièrement espacées.

Diamètre... 5-6ᵐᵐ
Hauteur.. 2

Rapports et différences.—L'espèce que je décris ici est basée sur trois échantillons munis de leur test et sur trois moules internes provenant tous de Casaes de Valle d'Obidos. Les exemplaires qui

Fig. 8. *Patula (Janulus) Olisipponensis* nov. sp. de Casaes de Valle d'Obidos $\left(\text{gr. } \frac{2,5}{1}\right)$

ont conservé leur test sont légèrement décortiqués sur leur partie superficielle, mais un moule externe, montrant la partie supérieure de la coquille permet de discerner très nettement l'ornementation de la surface du test.

Cette espèce par la forme surbaissée de ses tours et la profondeur de son ombilic appartient à la section des *Janulus* Lowe, qui est actuellement représenté à Madère et aux Iles Canaries. Parmi les espèces miocènes comparables à l'espèce du Portugal, je ne vois que *Patula (Janulus) supracostata* Sandberger *(Land und Süssw. Conch.,* pl. XXIX, fig. 2, 2ª, 2ᵇ, 2ᶜ, p. 584) qui puisse lui être comparée. Cette espèce, qui en Allemagne accompagne l'*Helix sylvatica*, est à peu près de la même taille que la nôtre; son enroulement spiral est aussi très analogue, mais elle diffère par son ombilic plus étroit, tandis que la partie supérieure de la coquille est plus conique; l'ouverture est en outre plus élargie transversalement. L'ornementation est semblable dans les deux espèces.

Localité et répartition stratigraphique.—Casaes de Valle d'Obidos près Rio Maior.—Etage Pontique.

LIMNÆA groupe de HERIACENSIS Fontannes

(Voir 1ᵉ partie, p. 18, pl. I, fig. 16, 16ª, 17)

Cette espèce est très probablement représentée à Assiceira par des échantillons jeunes à spire éffilée, et dont la détermination reste un peu douteuse.

LIMNÆA af. PACHYGASTER? Thomæ

Trois exemplaires d'une *Limnée* à spire courte, un peu intermédiaire entre les formes figurées par Bourguignat sous les noms de *L. pachygaster* et de *L. dilatata* dans sa *Malacologie de la Colline de Sansan* (pl. 6, fig. 192 el 193). Les échantillons sont de petite taille et un peu déformés. Ils proviennent des calcaires pontiques de Casaes de Valle d'Obidos.

Quelques autres exemplaires de taille un peu plus grande ont été récoltés aux environs de Torres Novas.

LIMNÆA PRÆPALUSTRIS nov. sp.

Diagnose.— *Coquille fusiforme, allongée, à spire composée de six tours assez fortement convexes, le dernier égal au ²/₇ de la hauteur totale, séparés par des sutures assez profondes. Ouverture égale à peu près à la moitié de la hauteur totale, ovalaire, à peine dilatée en avant et formant en arrière un angle assez ouvert avec le bord du labre; columelle assez fortement tordue; labre tranchant; test solide, orné de lignes d'accroissement fines et serrées sur les premiers tours, un peu plus grossières et plus irrégulières dans le voisinage de la bouche.*

Fig. 9. *Limnæa præpalustris* nov. sp. de Casaes de Valle d'Obidos (grandeur naturelle)

Dimensions

Hauteur 29ᵐᵐ
Diamètre du dernier tour 13,9

Cette Limnée est représentée par cinq échantillons en très bon état de conservation, munis de leur test; elle appartient très certainement au groupe de la *L. palustris* actuelle, qui est encore de nos jours représentée dans les marais du Portugal par plusieurs espèces de petite taille.

Dans le Miocène je ne connais que la *L. armaniacensis* Noulet figurée par Sandberger *(Land und Süssw. Conch.,* pl. XVIII, fig. 25, p. 581) et par Bourguignat *(Mall. Col. Sansan,* pl. VI, fig. 196, p. 116) qui puisse lui être comparée.

La forme que je décrit ici se distingue facilement de tous les autres, par sa spire allongée et dont les tours sont très fortement convexes, ce qui donne un aspect un peu gibbeux à son profil. La bouche est aussi relativement assez courte, moins haute que dans la *L. palustris* actuelle, et son bord postérieur s'insère sur le dernier tour suivant un angle beaucoup plus grand que dans l'espèce vivante.

Si l'on en juge par la figure donnée par Sandberger, *L. armaniacensis,* possède un profil plus allongé, à tours moins convexes; sa bouche est plus étroite, plus ovalaire et plus haute; l'angle postérieur est en outre plus aigu.

Localité et niveau stratigraphique.—Cette espèce accompagne l'*Helix Delgadoi* et l'*H. cartaxensis* dans les calcaires de Casaes de Valle d'Obidos près Rio Maior.—Etage Pontique.

PLANORBIS (GYRORBIS) MARIÆ Michaud

(Voir 1ᵉ partie, p. 20, pl. I, fig. 21, 21ᵃ, 21ᵇ)

Plusieurs exemplaires, très reconnaissables de cette espèce, se trouvent sur des fragments de calcaires de Casaes de Valle d'Obidos; ils sont à l'état de moules internes ou externes.

BITHINIA OVATA Dunker, variété

(Voir 1ᵉ partie, p. 21, pl. I, fig. 23, 24)

Les nouveaux exemplaires, qui viennent de m'être communiqués, confirment la description donnée plus haut. Les tours sont très convexes et à sutures très profondes ce qui donne un aspect scalariforme au profil de cette coquille.

Cette espèce a été rencontrée à Casaes de Valle d'Obidos dans le Pontique.

BITHINIA GRACILIS Sandberger

(Voir 1ᵉ partie, p. 22, pl. I, fig. 25, 25ᵃ)

De nombreux échantillons tout à fait identiques à ceux de Cartaxo et de Casal da Cevada proviennent de Casaes de Valle d'Obidos près Rio Maior.

CYCLOSTOMA af. BISULCATOIDES? nov. sp.

(Voir 1ᵉ partie, p. 23, pl. I, fig. 27, 27ᵃ, 27ᵇ)

Un échantillon, un peu comprimé transversalement, me paraît se rapporter à l'espèce décrite plus haut; mais dans ce spécimen les costules n'alternent pas avec des lignes plus fines comme dans le type d'Aveiras de Baixo. En outre la costulation disparaît dans la voisinage de la bouche, elle est remplacée par de simples lignes d'accroissement transversales. Dans l'état de conservation de l'échantillon la détermination reste douteuse.

MELANIA? LUSITANICA nov. sp.

(Voir 1ᵉ partie, p. 24, pl. I, fig. 28 et 29 et fig. 10 dans le texte p. 86)

Dans la première partie de ce travail, j'ai mentionné la présence dans le Pontique d'une coquille de petite taille, de forme turriculée, et qui paraît appartenir à la famille des *Mélanidés*. Les échantillons qui m'avaient été envoyés alors, étaient insuffisants pour permettre une description exacte. Le dernier envoi qui m'a été fait par M. Delgado, contenait un certain nombre d'exemplaires rencontrés dans les calcaires de Valle d'Obidos, tout à fait conformes à ceux de Cartaxo et possédant leur test. Bien que la position générique de cette forme intéressante soit encore un peu douteuse, je pense qu'il est cependant utile de la désigner, au moins provisoirement, par un nom nouveau.

Diagnose.— *Coquille de petite taille imperforée, turriculée, composée de quatre à cinq tours étagés à croissance régulière, à profil arrondi, séparés par des sutures profondes; dernier tour assez grand occupant à peu près la moitié de la hauteur de la coquille. Sommet un peu obtus.*

Tours ornés de trois cordons spiraux, le postérieur séparé de la suture par une surface oblique plane ou très légèrement excavée dans le voisinage du cordon. Entre le cordon antérieur et la suture antérieure on aperçoit un quatrième cordon moins accentué que les autres; sur le dernier tour, au voisinage de la columelle il existe en arrière des précédents deux autres cordons plus atténués encore et s'évanouissant avant d'atteindre le labre.

Bouche entière, non échancrée; labre arrondi à bord mince légèrement réfléchi, et portant à l'intérieur cinq plis correspondant aux cordons spiraux de la surface.

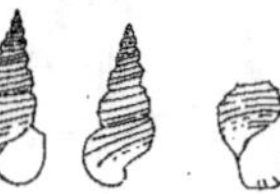

Fig. 10. *Melania? lusitanica* nov. sp. de Casaes de Valle d'Obidos (grossissement $\frac{2}{1}$)
a. Échantillon vu par le côté de la bouche.
b. Autre exemplaire vu par le côté opposé à la bouche.
c. Fragment d'un troisième échantillon montrant les plis du labre.

Dimensions

Longueur . . . . $7^{mm},5$
Diamètre du dernier tour 3

Rapports et différences.— C'est avec beaucoup d'hésitation que je rapporte cette espèce au genre *Melania*. Outre l'absence complète de tubercules sur la surface des tours, la présence de plis à l'intérieur du labre semble l'éloigner de ce genre. Aucune espèce analogue ne me semble avoir été citée jusqu'à ce jour dans le Miocène.

Les figures ci jointes (fig. 10) représentent des exemplaires munis de leur test des environs de Rio Maior (Asseiceira et Valle d'Obidos). Sur ces pièces on peut se rendre compte que le premier tour embryonaire est lisse et que l'ornementation costulée n'apparaît que sur le deuxième pour continuer jusqu'au bord de l'ouverture. La fig. c montre un autre échantillon encore engagé dans la roche d'où il a été impossible de l'extraire, dans cette pièce il est facile de distinguer les plis internes du labre. Ce spécimen porte sept cordons spiraux au lieu de six comme dans l'exemplaire décrit; cette différence dans le nombre des cordons spiraux ne me paraît devoir être due qu'à une variation individuelle.

Le même gisement contient en outre quelques *Pisidium* de très petite taille, et un *Pupa* qui sont en trop mauvais état pour être décrits.

Lyon, le 5 mai, 1907.

TABLE ALPHABETIQUE DES ESPÈCES CITÉS

MOLLUSQUES

VERTÉBRÉS

TABLE DES MATIÈRES

PLANCHES

PLANCHE I

Mollusques terrestres et fluviatiles

Fig. 1, 1ª.   *Limnæa* gr. de *pachygaster* Thomae. Carrière de la Marqueza près Carregado (gr. nat.), p. 6.
Fig. 2, 2ª.   *Nystia tagica* nov. sp. de la même localité. (Échantillon muni de son test, grossissement 2,5), p. 6.
Fig. 3, 3ª.   *Archæozonites?* sp. Moule interne de Olhos d'Agua près Pernes (gr. nat.), p. 7.
Fig. 4.   *Testacella Larteti* Dupuy. Calcaires de Cartaxo (gr. nat.), p. 11.
Fig. 5, 5ª.   *Glandina aquensis* Matheron. Calcaires de Pernes (gr. nat.), p. 11.
Fig. 6, 6ª.   *Helix* sp. Moule interne de Cartaxo (gr. nat.), p. 12.
Fig. 7.   »   *Mendesi* nov. sp. Exemplaire des calcaires de Cartaxo en partie pourvu de son test (gr. nat.), p. 13.
Fig. 8.   »   »   Échantillon muni de son test de la même localité, p. 13.
Fig. 9, 9ª, 9ᵇ.   »   »   Moule interne de la même localité, p. 13.
Fig. 10.   »   af. *sansaniensis* Dupuy. Échantillon muni de son test de Cartaxo (gr. nat.), p. 14.
Fig. 11, 11ª.   »   »   Moules internes de la même localité, p. 14.
Fig. 12.   »   sp. Moule interne des calcaires de Cartaxo (gr. nat.), p. 14.
Fig. 13, 13ª, 13ᵇ.   »   *cartaxensis* nov. sp. Échantillon muni de son test de Cartaxo (gr. nat.), p. 14.
Fig. 14, 14ª, 14ᵇ.   »   *Delgadoi* nov. sp. Échantillon en partie pourvu de son test de Valle d'Obidos près Rio Maior (gr. nat.), p. 15.
Fig. 15, 15ª, 15ᵇ.   »   *Torresi* nov. sp. Échantillon avec son test des calcaires de Pernes, (gr. 1,5), p. 17.
Fig. 16, 16ª.   *Limnæa* gr. de *heriacensis* Fontannes. Moules internes des calcaires de Cartaxo (gr. nat.), p. 18.
Fig. 17.   Autre exemplaire de la même localité, p. 18.
Fig. 18, 18ª.   *Limnæa* gr. de *dilatata* Noulet. Moule interne de Cartaxo (gr. nat.), p. 18.
Fig. 19, 19ª, 19ᵇ.   *Planorbis præcorneus* Fischer et Tournouër. Échantillon avec son test de Valle de Santarem, p. 19.
Fig. 20, 20ª, 20ᵇ.   »   af. *Mantelli* Dunker. Moule interne de Felgueira près Aveiras de Baixo (gr. nat.), p. 20.
Fig. 21, 21ª, 21ᵇ.   »   *(Gyrorbis) Mariæ* Michaud. Échantillon muni de son test (gr. environ 4 fois), p. 20.
Fig. 22, 22ª, 22ᵇ.   »   *(Anisus) Matheroni* Fischer et Tournouër. Échantillon avec son test (grossi 4 fois), p. 21.
Fig. 23.   *Bithinia ovata* Dunker Échantillon pourvu de son test des calcaires d'Asseiceira près Rio Maior (légèrement grossi), p. 21.
Fig. 24.   Autre individu de la même localité, p. 21.
Fig. 25, 25ª.   *Bithinia gracilis* Sandberger (grossissement 1,5), p. 22.
Fig. 26, 26ª.   *Viviparus ventricosus* Sandberger. Calcaires de Cartaxo (gr. nat.), p. 23.
Fig. 27, 27ª.   *Cyclostoma bisulcatoïdes* nov. sp. Calcaires de Cartaxo (gr. nat.), p. 23.
Fig. 27ᵇ.   Ornementations du test très grossi.
Fig. 28, 29.   *Melania* sp., p. 24.
Fig. 30, 30ª, 31.   *Limnæa Bouilleti* Michaud. Calcaires de Santarem, p. 27.
Fig. 32, 32ª.   »   *cucuronensis* Fontannes. Calcaires de Santarem (gr. nat.), p. 28.
Fig. 33, 33ª, 33ᵇ.   *Planorbis* af. *Thiollierei* Michaud. Calcaire de Santarem (gr. nat.), p. 28.
Fig. 34, 34ª.   *Bithinia* af. *tentaculata* Linné. Calcaires de Santarem (gr. nat.), p. 29.
Fig. 35, 35ª, 35ᵇ, 35ᶜ.   *Helix Cotteri* nov. sp. de Quintanellas (gr. nat.), p. 33.
Fig. 36, 36ª, 36ᵇ, 36ᶜ.   »   *quintanellensis* nov. sp. de Quintanellas. Échantillon avec son test (gr. nat.), p. 33.
Fig. 37.   Autre exemplaire de la même localité.
Fig. 38, 38ª, 38ᵇ.   *Helix prælusitanica* nov. sp. de Quintanellas (grossissement 1,5), p. 34.
Fig. 39, 39ª, 39ᵇ, 39ᶜ.   »   nov. sp. de Quintanellas (grossi 1,5), p. 35.

(Tous les originaux font partie des collections de la Commission du service géologique de Portugal).

F. ROMAN

PLANCHE II

ETAGE BURDIGALIEN

Gisement de Horta das Tripas près de l'Abattoir de Lisbonne

Fig. 1. *Brachyodus onoïdeus* Gervais. Mandibule figurée au $^1/_2$ de la grandeur naturelle.

Fig. 1ª. » » Dentition de la même mandibule de grandeur naturelle. (M^2 est en partie brisée, D^2 et D^1 detériorées par la fossilisation).

Fig. 1ᵇ. » » Côté droit de la mandibule.

Fig. 2. » » M^3 supérieure gauche (isolée).

Fig. 3. » » P^3 inférieure (id.), p. 45.

Fig. 4, 4ª. *Palæochœrus aurelianensis* Stehlin. M^1 et P^4 supérieures droites vues par la face externe et par leur couronne (gr. nat.).

Fig. 5, 5ª. » » P^3 supérieure gauche dans les mêmes positions (gr. nat.).

Fig. 6, 6ª. » » P^4 inférieure droite (gr. nat.), p. 50.

Fig. 7, 7ª, 7ᵇ. *Pseudælurus transitorius* Depéret. Mandibule de grandeur naturelle, p. 52.

(Les échantillons originaux sont conservés dans les collections de la Commission du service géologique de Portugal).

F. ROMAN

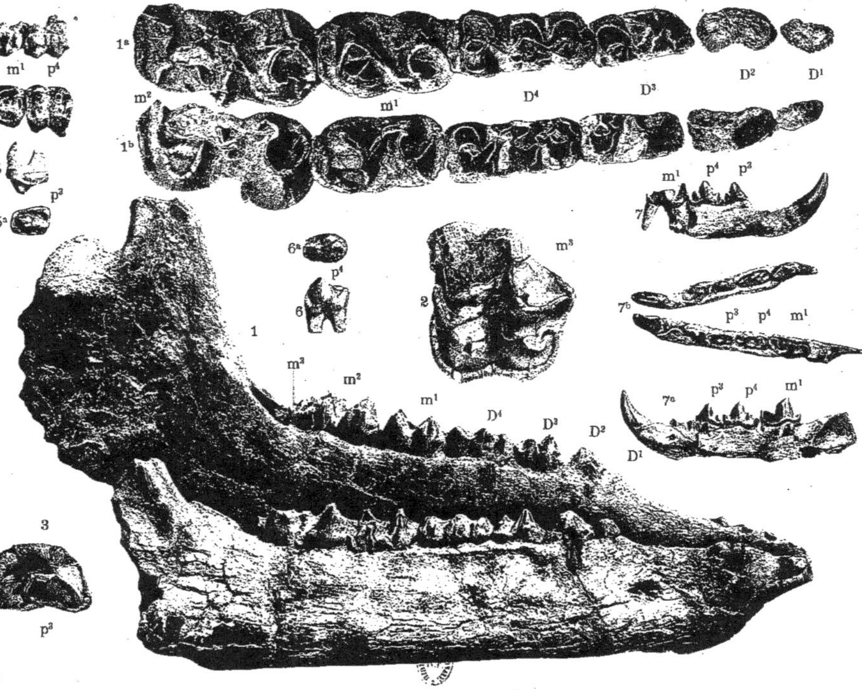

Clichés, service photogr. Univ. Lyon

PLANCHE III

ETAGE BURDIGALIEN

Gisement de Horta das Tripas (Lisbonne)

Fig. 1.   *Rhinoceros (Ceratorhinus) tagicus* nov. sp., dentition supérieure appartenant au même individu de grandeur naturelle, p. 42.

Fig. 2.   »   *(Teleoceras)* sp., muraille externe d'une molaire supérieure incomplète de grandeur naturelle.

Fig. 3.   »   Molaire supérieure (M^1 ou M^2) incomplète de grandeur naturelle, p. 44.

ETAGE HELVÉTIEN SUPÉRIEUR OU TORTONIEN

Gisement d'Aveiras de Baixo

Fig. 4, 4ᵃ.   *Listriodon splendens* H. von Meyer, variété *major* nov. var., molaire supérieure (M^3) de grandeur naturelle, p. 57.

Fig. 5, 5ᵃ.   *Sus palæochœrus* Kaup., molaire supérieure (M^2) de grandeur naturelle, p. 58.

Fig. 6, 6ᵃ.   *Rhinoceros (Ceratorhinus)* af. *sansaniensis* Lartet. Molaire inférieure de la dentition de lait de grandeur naturelle.

Fig. 7.   »   »   Tibia droit ($^1/_2$ de la grandeur naturelle), p. 55.

Fig. 8, 8ᵃ, 8ᵇ.   *Dicrocerus* sp. Molaire supérieure de grandeur naturelle, p. 59.

Fig. 9.   *Machairodus Jourdani* Filhol. Canine supérieure de grandeur naturelle, p. 64.

(Les originaux sont conservés dans les collections de la Commission du service géologique de Portugal).

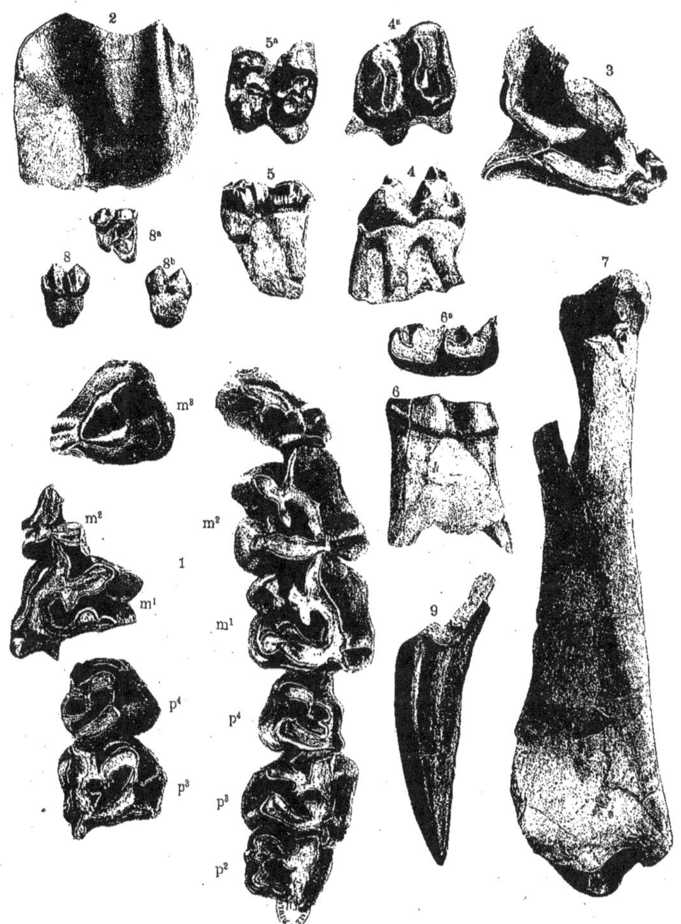

2
5ᵃ
4ᵃ
3
5
4
8ᵃ
8
8ᵇ
6ᵃ
7
m³
6
m²
m²
1
m¹
m¹
9
p⁴
p⁴
p³
p³
p²

PLANCHE IV

ETAGE HELVÉTIEN

Fig. 1, 1ᵃ, 1ᵇ. *Mastodon angustidens* Cuvier. Molaire supérieure provenant d'une ancienne carrière de Marvilla (Pedreira da Mitra) près Lisbonne. Helvétien supérieur marin (niveau VIᵉ Cotter).

Fig. 2, 2ᵃ. » » Molaire inférieure de Valle Formoso de Baixo, près Marvilla (environs de Lisbonne). Helvétien supérieur marin (niveau VIᵉ Cotter), p. 53.

Fig. 3, 3ᵃ. » » Fragment de molaire inférieur de Grillos (environs de Lisbonne). Helvétien supérieur marin (niveau VIᵇ Cotter), p. 54.

ETAGE PONTIQUE

Fig. 4, 4ᵃ. *Palæoryx* taille de *Pallasi* Wagner. Molaire inférieure (M^3) de Barreira das Pombas, près Azambuja, p. 65.

(Toutes les figures de cette planche sont de grandeur naturelle. Les échantillons originaux sont conservés dans les collections de la Commission du service géologique de Portugal).

F. ROMAN

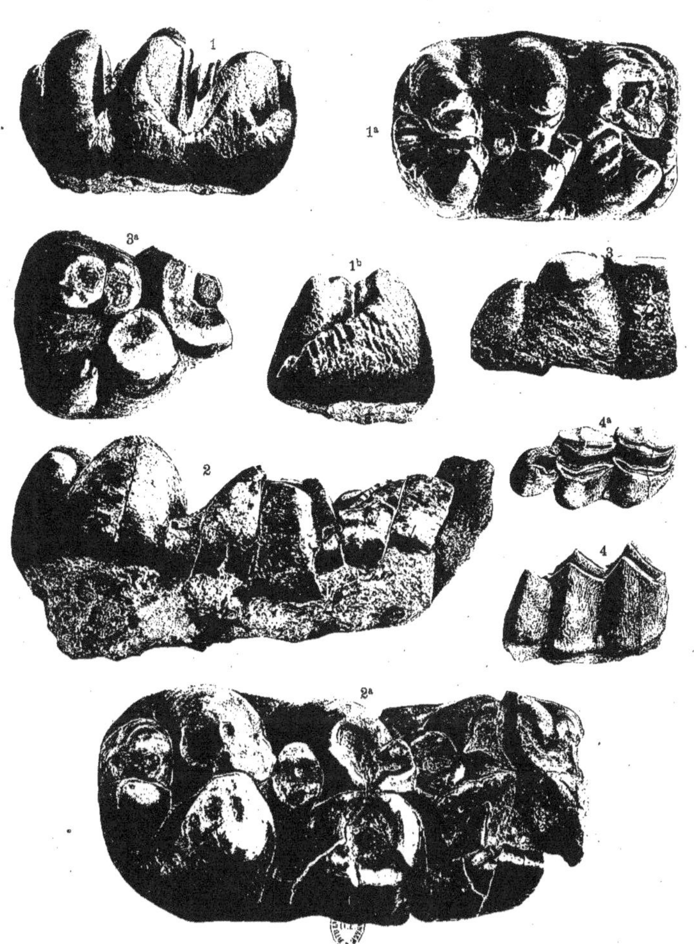

Clichés, serv. Géol. Du Portugal

PLANCHE V

ETAGE SARMATIQUE SUPÉRIEUR

Fig. 1.   *Hyotherium simorrense* var. *Doati* Lartet. Mandibule gauche au $\frac{1}{2}$ de la grandeur naturelle de Fonte do Pinheiro, près Azambuja.

Fig. 1ª.   »   »   Dentition inférieure complète de la même mandibule.

Fig. 1ᵇ.   »   »   Dentition inférieure de la mandibule droite; M^1 et P^4 ne sont pas conservés dans l'échantillon figuré, p. 62.

ETAGE PONTIQUE

Fig. 2.   *Hipparion gracile* Kaup. Série dentaire inférieure complète appartenant à un même individu d'Archino, près Ota (gr. nat.).

Fig. 3.   »   »   Molaire supérieure (M^1 ou M^2 gauche) d'Archino?

Fig. 4.   »   »   Molaire supérieure (M^3 droite) d'Archino? (gr. nat.), p. 68.

Fig. 5, 5ª.   *Tragocerus amaltheus.* Molaire supérieure d'Archino.

Fig. 6.   »   »   Autre molaire supérieure d'Archino, vue par sa muraille externe (de gr. nat.), p. 70.

Fig. 7.   *Mastodon longirostris* Kaup. Molaire inférieure incomplète de Valverde, près Azambuja (de gr. nat.), p. 67.

(Tous les échantillons figurés sont conservés à la Commission du service géologique de Portugal).

F. ROMAN

Pl. V.

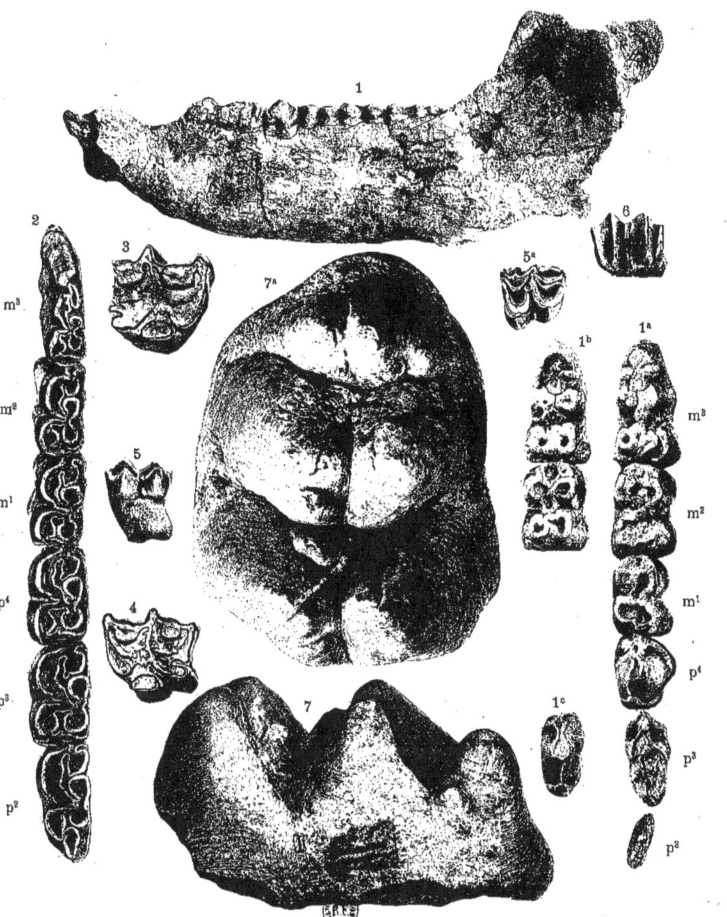

Clichés, service photogr. Univ. Lyon

NOTICE STRATIGRAPHIQUE

SUR LE

NÉOGÈNE CONTINENTAL DU VERSANT DROIT DE LA VALLÉE DU TAGE

PAR

ANTONIO TORRES

SEPTEMBRE, 1907.

LITTÉRATURE

Sharpe (Daniel).—*On the Geology of the Neighbourhood of Lisbon* (Transactions of the Geological Society of London, second series, vol. VI, 1842).

—— *On the Secondary District of Portugal which lies on the North of the Tagus* (Quarterly Journal of the Geological Society of London, vol. VI, 1850).

De Verneuil et Collomb.—*Carte géologique de l'Espagne et du Portugal*, 1864.

Ribeiro (Carlos).—*Description du terrain quaternaire des bassins du Tage et du Sado*, 1866.

—— *Memoria sobre o abastecimento de Lisboa com aguas de nascente e aguas de rio*, 1867.

—— *Note sur le terrain quaternaire du Portugal* (Bull. Soc. Géol. de France, t. XXIV, 1867).

—— *Breve noticia dcerca da constituição physica e geologica da parte de Portugal comprehendida entre os valles de Tejo e do Douro* (Jornal de sciencias math. phys. e nat., n.ᵒˢ VII e VIII, 1870).

—— *Description de quelques silex et quartzites taillés provenant des couches du terrain tertiaire et du quaternaire des bassins du Tage et du Sado*, 1871.

—— *Relatorio dcerca da 6.ª reunião do Congresso de anthropologia e de archeologia prehistorica verificada na cidade de Bruxellas no mez de agosto de 1872.*

Ribeiro (Carlos) e Delgado.—*Carta geologica de Portugal.* Escala 1:500.000, 1876.

Ribeiro (Carlos).—*Des formations tertiaires du Portugal* (Compte-rendu sténographique du Congrès international de géologie tenu à Paris du 29 au 31 aôut et du 2 au 4 septembre 1878).

—— *L'homme tertiaire en Portugal* (Compte-rendu du Congrès international d'anthropologie et d'archéologie préhistoriques, neuvième session à Lisbonne, 1880).

Choffat (Paul).—*L'homme tertiaire en Portugal* (Arch. des sc. phys. et nat., Genève, 1880).

Heer (Dr. Oswald).—*Contributions à la Flore fossile du Portugal*, 1881.

Fontannes (F.).—*Note sur la découverte d'un Unio plissé dans le Miocène du Portugal*, 1883.

—— *Note sur quelques gisements nouveaux des terrains miocènes du Portugal*, 1884.

Bleicher.—*Contribution à l'étude lithologique, microscopique et chimique des roches sédimentaires secondaires et tertiaires du Portugal* (Communicações, t. III, fasc. II. 1898).

Delgado e Choffat.—*Carta geologica de Portugal.* Escala 1:500.000, 1899.

Berkeley Cotter (J. C.).—*Sur les mollusques terrestres de la nappe basaltique de Lisbonne*, 1900.

Choffat (Paul).—*Le tertiaire entre Nazareth et le Mondego.* In: Le Crétacique supérieur au Nord du Tage, 1900.

—— *Aperçu de la géologie du Portugal* In: Le Portugal au point de vue agricole, 1900.

Sousa (F. L. Pereira de).—*Estudo geologico do Polygono de Tancos*, 1903.

Berkeley Cotter (J. C.).—*Esquisse du Miocène marin portugais*, 1903-1904.

HISTORIQUE

———

Les premiers travaux sur le Tertiaire portugais sont dûs à Daniel Sharpe qui, en 1832, présenta à la Société Géologique de Londres ses observations sur les terrains des environs de Lisbonne. En 1839 il amplifie et corrige ces observations, et divise le terrain tertiaire, qu'il suppose n'être que d'origine marine, de la manière suivante:

3. *Upper Tertiary Sand* (Sables tertiaires supérieurs).

2. *Almada Beds* (Couches d'Almada).

1. *Lower Tertiary Conglomerate* (Conglomérat tertiaire inférieur).

Il considère comme appartenant au dépôt supérieur du N. du Tage les terrains bas qui bordent le fleuve près de Santarem et de Cartaxo. Les sables tertiaires supérieurs entre le Tage, le Sado et la mer, couvrent la région limitée par une ligne qui va depuis Abrantes jusqu'à Alcacer do Sal. Il n'a point trouvé de fossiles dans cette formation. Au-dessous se trouvent les couches d'Almada qui reposent sur le conglomérat tertiaire inférieur, et ce dernier repose à son tour sur la formation basaltique. Il a reconnu les conglomérats inférieurs depuis Alverca et Verdelha jusqu'à Loures en passant par Vialonga et Tojal, et dans la vallée située entre Odivellas et Lumiar jusqu'à Bemfica.

Dix ans plus tard, en 1849, il dit en se rapportant aux calcaires qui supportent la ville de Thomar, qu'ils constituent une épaisse formation de calcaires blancs, friables, passant dans les couches supérieures au grès calcaire blanc, et s'étendant depuis Thomar par Torres Novas jusqu'à Pernes.

Vu l'absence de fossiles, il se réservait de déterminer plus tard leur âge géologique.

La Commission Géologique organisée en 1857 et chargée de recueillir les données nécessaires pour la rédaction de la Carte géologique du Royaume, engloba dans le Tertiaire tous les gisements bien stratifiés qui dans la série géologique sont plus modernes que les formations crétaciques. [1] Carlos Ribeiro garda cette conviction jusqu'en 1865, année dans

---

[1] La situation et l'extension des couches tertiaires sont indiquées dans la carte géologique du Portugal et de l'Espagne par de Verneuil, 1864, pour laquelle la Commission Géologique du Portugal a fourni les données sur les formations géologiques de ce pays.

laquelle la découverte des silex taillés à l'intérieur des couches de grès subjacents au conglomérat du Carregado, le porta à considérer comme quaternaire tous les dépôts lacustres postcrétacés du Portugal non recouverts par les couches miocènes marines. En 1866 il publia son mémoire intitulé: *Description du terrain quaternaire des bassins du Tage et du Sado* et en 1867 il présenta à la Société Géologique de France sa *Note sur le terrain quaternaire du Portugal* écrite sur la demande de l'illustre de. Verneuil.

Les observations de ce géologue[1] et la communication de l'abbé Bourgeois, intitulée *Etude sur des silex travaillés trouvés dans les dépôts tertiaires de la commune de Thenay près Pontlevoy (Loire-et-Cher)*, présentée à Paris en 1867 au Congrès international d'anthropologie et d'archéologie préhistoriques, portèrent Carlos Ribeiro à se baser sur la stratigraphie pour la classification des terrains supérieurs au Crétacique et à défendre la thèse de l'existence de l'homme tertiaire. Dans ce but, il publia en 1871 son mémoire *Description de quelques silex et quartzites taillés provenant des couches du terrain tertiaire et du quaternaire des bassins du Tage et du Sado*, où il divise les terrains tertiaires portugais de la forme suivante:

Formation pliocène — Etage unique:

c) Roches sablonneuses et argiles de teintes rougeâtre, grise et blanche, et renfermant à la base, mais seulement aux environs de Lisbonne, de petits moules de mollusques des genres *Cerithium, Cardium, Arca, Nucula*, etc., et feuilles de plantes des genres *Quercus, Salix* et autres. Cet étage s'étend sur presque toutes les provinces du royaume, et se trouve cependant, beaucoup plus amplement développé dans la province d'Alemtejo entre les fleuves Tage et Guadiana et dans la région inférieure des bassins du Mondêgo et du Vouga.

Formation miocène — Etage supérieur:

b) Calcaires grossiers, argiles et grès, en général, de teintes grisâtre et jaunâtre, formant diverses assises, et contenant en abondance des fossiles marins. Ce groupe est représenté, surtout, au littoral de l'Algarve, dans le voisinage d'Alcacer, de Setubal et d'Azeitão, à Lisbonne et aux environs de cette ville. Ses assises recouvrent en stratification concordante celles du groupe (a) lorsque les unes et les autres se trouvent dans la même localité.

b') Calcaires, marnes et grès lacustres de teintes grisâtre et rougeâtre, formant entre eux une transition et renfermant dans quelques endroits des coquilles des genres *Planorbis, Limnœa* et *Helix*. Les assises de ce groupe se présentent très développées sur quelques lieux de l'Alemtejo, comme à Moura, à Cano et Vidigueira, et au Nord du Tage depuis Carregado et Barquinha jusqu'à Rio-Maior et Thomar.

Formation miocène — Etage inférieur:

a) Grès grossiers rougeâtres, et calcaires de teintes claires, à Azeitão, depuis Bemfica jusqu'à Tojal et Sacavem, à Collares et Sabugo, avec fossiles d'eau douce dans quelques parties. A Azeitão et aux alentours de Lisbonne ce groupe se trouve recouvert par celui des couches marines (b).

a') Grès grossiers et argiles rougeâtres, et calcaires de teintes claires formant diverses assises. Ce groupe montre un grand développement depuis Rio-Maior par Alcanede, Tremez, Pedrogão (au Nord de Torres-Novas) jusqu'aux alentours de Thomar. Ce groupe est couvert par le groupe calcaréo-sableux lacustre (b'),

Les couches des groupes (a) et (a') ont la même composition lithologique, et elles donnent lieu aux mêmes formes orographiques.

---

[1] Voir: *Description de quelques silex et quartzites taillés*, etc., 1871, p. 53, note.

Il considère les groupes marin (b) et lacustre (b') comme synchroniques.

En 1872, au Congrès de Bruxelles, [1] Carlos Ribeiro présenta cette même classification et défendit l'existence de l'homme tertiaire.

En 1876 paraît la carte géologique de Carlos Ribeiro et Delgado, où le lacustre est rangé dans le Tertiaire, et divisé en deux étages, l'inférieur n^1 qui renferme dans le flanc droit de la vallée du Tage les conglomérats de Bemfica et les grands gisements qui s'étendent de Carregado à Thomar à l'exception des dépôts sablonneux supérieurs de Cartaxo, Gollegã et Barquinha, qui sont considérés comme lacustre supérieur n^3. La désignation n^2 y représente le facies marin.

Au Congès international de géologie qui eut lieu à Paris en 1878, Carlos Ribeiro présenta sa dernière classification des formations tertiaires du Portugal. [2]

Pliocène

V.—Formation sableuse.

Miocène moyen et supérieur

IV.—Formation d'eau douce avec vertébrés terrestres, invertébrés et plantes fossiles.

III.—Formation marine avec fossiles analogues à ceux du bassin méditerranéen et des environs de Vienne en Autriche.

Miocène inférieur

II.—Formation sédimentaire d'eau douce avec fossiles très rares.

I.—Formation basaltique en masses, en filons et en nappes.

Il fait entrer les grès, les conglomérats et les calcaires blancs lacustres situés entre Alemquer et Abrigada dans le Miocène inférieur, de même que le conglomérat de Bemfica.

Se référant à la formation IV, il dit: «Parallèlement à ces assises lacustres et marines (II et III) et en amont de leurs limites, il s'est déposé d'autres couches d'eau douce qui peuvent être considérées comme faisant suite à celles du même genre dont il a été parlé précédemment, et comme appartenant à la même formation.»

Dans le Congrès international d'anthropologie et d'archéologie préhistoriques, tenu à Lisbonne en 1880, le même géologue décrit la formation dans laquelle il a trouvé les silex taillés. A la base, des calcaires blancs sableux (près de Carnide, Carregado et d'Abrigada), qui sont couverts par des couches de sables argileuses rougeâtres, ayant une épaisseur entre 50 et 100 mètres, et ensuite par des couches de grès et d'argiles passant en quelques endroits aux marnes et aux calcaires. Cette dernière série, dont l'épaisseur ne dépasse pas 8 mètres, se compose de deux parties très distinctes: la partie inférieure contenant des plantes fossiles, et la partie supérieure contenant des restes de vertébrés fossiles. Au-dessus se trouvent les couches calcaires avec des Planorbes et des Limnées.

Les plantes furent étudiées par Heer.[3] et les vertébrés par Mr. Gaudry.

---

[1] *Relatorio árcrea da sexta reunião do Congresso de anthropologia e de archeologia prehistorica verificada na cidade de Bruxellas no mez de agosto de 1872.*

[2] *Des formations tertiaires du Portugal.* Compte-rendu sténographique du Congrès international de géologie tenu à Paris en 1878.

Contributions à la flore fossile du Portugal.

Des 13 espèces de végétaux classifiés par Heer, 7 sont connues du Miocène moyen et inférieur, 5 s'étendent jusqu'au Pliocène et toutes se trouvent dans le Miocène supérieur (Molasse supérieur, ou formation d'Oeningen). Les déterminations de Mr. Gaudry ne détruisent pas les conclusions de Heer; elles les confirment au contraire.

En 1883, Fontanes [1] décrit une espèce d'Unio plissé trouvé à Archino et qu'il a nommé *Unio Ribeiroi*.

Quant au niveau géologique des marnes argileuses qui contiennent cette espèce, il dit qu'elles peuvent être classées au niveau de Simorre ou de Sansan dans le Langhien, ou à celui du Cucuron et de Tersanne dans le Tortonien, selon qu'elles seront supérieures ou inférieures aux couches à *Ostrea crassissima*.

En 1899 paraît la nouvelle édition de la carte géologique de MM. Delgado et Choffat, où les calcaires et conglomérats de Bemfica rentrèrent dans l'Oligocène.

Les dépôts de calcaires et de conglomérats entre le Carregado et Ota portent la convention $O M^1$, pour montrer l'incertitude de leur classification soit dans l'Oligocène, soit dans le Miocène.

Le reste des formations tertiaires du flanc droit de la vallée du Tage jusqu'à Thomar, est classé dans le Miocène à l'exception du lambeau sableux de Cartaxo, et de petites taches, comme celle d'Alcanhões, qui figurent dans le Pliocène.

En 1900 Mr. Choffat décrit le Tertiaire qui se trouve entre Nazareth et le Mondégo.

Voilà l'état des connaissances sur le lacustre, lorsque Mr. Delgado, président de la Commission du Service géologique, me chargea d'en continuer l'étude. C'est le moment de le remercier d'avoir mis à ma disposition ses excellentes notes de voyage, et je remercie de même MM. Choffat et Berkeley Cotter pour les indications qu'ils m'ont si aimablement données.

L'étude paléontologique de la formation lacustre, surtout celle des mollusques, malgré quelques tentatives, était encore à faire, non seulement à cause du manque de littérature appropriée, mais surtout à défaut de collections typiques pour la comparaison. Par l'intermédiaire de Mr. Choffat nous eûmes la bonne fortune d'obtenir que Mr. le professeur Frédéric Roman entreprenne cette étude.

L'ouvrage de ce naturaliste qui précède le notre est d'une aide et d'une valeur considérables pour la connaissance du Tertiaire portugais, et il a contribué à donner quelque valeur à notre modeste notice, ce qui me porte à lui témoigner ici ma reconnaissance. Pendant sa visite en Portugal je fus chargé de lui fournir les éclaircissements stratigraphiques dont il aurait besoin par rapport au terrain lacustre, et j'eus le plaisir de l'accompagner dans plusieurs excursions, dont je garde un agréable souvenir.

L'étude des végétaux de gisements découverts récemment, confiée à notre paléophytologiste Mr. W. de Lima, fera jaillir sous peu, une nouvelle lumière sur la connaissance du Néogène continental portugais, et fera peut-être disparaître quelques doutes qui se présentent encore par rapport à l'âge de quelques gisements.

---

[1] *Note sur la découverte d'un Unio plissé dans le Miocène du Portugal.*

DESCRIPTION SOMMAIRE

DU

NÉOGÈNE CONTINENTAL DU VERSANT DROIT DE LA VALLÉE DU TAGE

Description de la région.—Le savant géologue Carlos Ribeiro ayant fixé les limites du Tertiaire lacustre, après quelques années d'étude consacrées à cette formation dans les bassins du
Tage et du Sado, je ne m'en occuperai pas, bornant mes considérations à la partie de cette formation
située sur la rive droite du Tage et tout près de ce fleuve, où elle s'étend en une bande de largeur
variable, dont la partie la plus large entre Santarem et Rio Maior est de 27 kilomètres, et qui va
depuis le voisinage de Chão de Maçãs jusqu'au village de Castanheira, sur une longueur d'environ
85 kilomètres.

C'est dans cette bande que les dépôts lacustres montrent une plus grande épaisseur, une plus
grande variété lithologique, et qui renferment la plus grande partie des gisements fossilifères de cette
formation, connus dans notre pays. De là provient la préférence qui lui fut donnée par l'honorable
président de la Commission du Service géologique quand il nous recommanda de commencer par
cette région, la série d'études que Carlos Ribeiro avait initiée.

Je dois dire que mes investigations purement stratigraphiques, ne changent aucunement l'état
de la question de l'existence ou non existence de l'homme tertiaire tel que Carlos Ribeiro la présenta
au congrès de 1880, puisqu'aucun nouveau document n'a été recueilli. Je n'ai fait que constater que
les gisements qui contiennent les silex et les quartzites taillés sont compris dans la série de dépôts
tertiaires dont je vais m'occuper.

La région à laquelle nous nous rapportons est coupée perpendiculairement au Tage par des
rivières et des ruisseaux qui sont du N. au S.: le Nabão, l'Almonda, l'Alviella et le Rio d'Asseca,
ce dernier comprenant trois ruisseaux importants ceux de Fraguas, de Rio Maior et d'Almoster; Rio
d'Ota et Rio d'Alemquer; dont tous, à l'exception du premier, ont leur source au contact de la
formation lacustre avec le mésozoïque, près des deux grandes failles qui vont de Chão de Maçãs à
Cercal dans la direction N. E.–S. W. et de Cercal à Villa Franca dans la direction N.–S.

Coupé par plusieurs ruisseaux et par d'autres cours d'eaux de plus faible importance, le
terrain se présente replié sans qu'on remarque de grandes élévations au milieu de l'ondulation générale. Les plus grandes altitudes s'observent près des limites de la formation et n'excèdent pas
240^m, cote du signal d'Outeiro Rachado, 7 kilomètres au N. W. de Thomar, et ne dépassant pas 100^m
au-dessus du talweg des vallées voisines.

Au centre du bassin les cotes supérieures à 150^m sont exceptionnelles, on les observe sur le plateau coupé par le ruisseau d'Azoia et qui s'étend depuis les environs de Santos au W. S. W. de Pernes jusqu'au signal de Morena dans la direction S. W. et au signal de Soudos dans la direction S. La plus grande altitude correspond au signal de Mesquita (167^m).

Le modelé du terrain varie selon la nature du sol; les vallées sont limitées par des flancs abrupts quand les couches supérieures offrent plus de résistance à la dénudation, comme on peut le voir dans l'escarpement protégé par les couches calcaires sur lesquelles repose la ville de Santarem, surtout dans la partie qui correspond à Portas do Sol.

Le même fait arrive dans les terrains calcaires, tandis que les pentes sont moins raides dans les terrains sablonneux, argileux et marneux et dans ceux qui sont constitués par des calcaires friables.

Avec les éléments que nous possédons, il est impossible de déterminer l'extension du lac ou des lacs tertiaires, ce serait une erreur de leur attribuer les limites marquées aujourd'hui par leurs dépôts.

La nature de ces mêmes dépôts près des limites, en grande partie formés par d'épaisses couches calcaires, concordantes avec les couches secondaires, quelques-unes, comme nous le verrons, presque disloquées jusqu'à la verticale, nous portent à croire que les lacs tertiaires occupaient une bien plus grande extension, et que la dénudation vint plus tard exercer son action sur les lambeaux séparés du grand affleurement tertiaire. Nous avons l'exemple d'un de ces lambeaux dans le dépôt qui va de Monsanto à Amiaes da Cima.

Stratigraphie.—Il est difficile sinon impossible de faire une description stratigraphique détaillée des régions lacustres. Le manque de continuité des dépôts, souvent de forme lenticulaire, la variation du caractère pétrographique d'un point à l'autre du même dépôt, l'absence de fossiles caractéristiques des différents niveaux, et la mauvaise conservation de ceux qui existent, sont autant de difficultés contre lesquelles on a à lutter dans l'étude de ces formations.

Faute d'une base meilleure nous nous appuyons pour la séparation des différents niveaux sur la composition minérale, mettant de côté les petits dépôts qui se sont intercalés dans la série, et qui représentent des accidents de peu d'importance.

Nous sommes ainsi parvenu à séparer dans notre carte les formations calcaires des silico-argileuses et à montrer leur position relative au moyen de profils, savoir:

Profil du signal de Chopo à Azinhaga, fig. 1.
Profil de Alcanede à Santarem, fig. 2.
Profil de Salvador à Cartaxo, fig. 3.
Profil du signal de Sobrosas à Setil, fig. 4.
Profil du signal de Bôa Vista à Azambuja, fig. 5.

La série de couches qui forme les groupes tertiaires et quaternaires est, dans l'ordre descendant, la suivante:

Moderne	10. Alluvions du Tage. Tuf moderne et argiles rouges.
Quaternaire	9. Cailloux roulés dans une pâte d'argile rouge.
	8. Tufs et travertins contenant des végétaux et des gastropodes fossiles.
Tertiaire (supérieur)	7. Calcaires avec fossiles. (Calcaire de Santarem).
	6. Sables et grès ayant des couches d'argile phytallifère intercalées. Formation sableuse de Cartaxo.
	5. Calcaire avec fossiles. (Calcaire de Pernes).
Tertiaire (moyen)	4. Grès grossiers avec intercalations d'argiles avec fossiles végétaux et vertébrés fossiles. Formation sableuse d'Arneiro comprenant Archino.
	3. Grès grossiers avec des huîtres. Formation saumâtre.
Tertiaire (inférieur)	2. Calcaire avec de rares fossiles. (Calcaire d'Alcanede).
	1. Grès grossiers. Formation sableuse inférieure ou grès de Monsanto.

Comme plusieurs cours d'eaux se déversaient dans le lac tertiaire, il est à supposer que différents matériaux y ont été charriés, le même courant aurait déposé en quelques points des cailloux, en d'autres des sables et en d'autres encore des argiles ou des calcaires, selon la rapidité de son cours. Ainsi le procédé que j'ai suivi pour la séparation des différents niveaux renferme une erreur fondamentale, il ne peut être admis que pour la facilité de l'étude. Il ne conduit pas à des résultats moins réels, car si nous n'examinons que les calcaires par exemple, leur ordre de succession est celui que nous avons constaté, quoiqu'en certains points deux niveaux que je sépare se continuent sans interposition de couches de natures différentes.

Pour l'âge géologique de chacun de ces niveaux inférieur, moyen et supérieur, nous nous en rapportons au travail consciencieux de Mr. Roman, au savoir et à la compétence duquel nous rendons hommage une fois de plus.

Oligocène?.— 1. *Formation sableuse inférieure* ou *Grès de Monsanto*. Nous lui donnons ce nom, car c'est dans le lambeau de Monsanto qu'on l'observe dans une plus grande étendue. Cette formation est constituée par de grès grossiers à pâte argileuse parfois rougeâtre, ou kaolinique blanche, et encore à ciment calcaire. On la voit toujours dans le contact du lacustre avec les formations méso-zoïques et en concordance avec ces dernières, ce que nous observons depuis le N. de Thomar où elle a la direction N. 83° E. et l'inclinaison de 44° vers S. 7° E., jusque près de Castanheira. Dans le lambeau de Monsanto, qui est séparé du reste du lacustre par une bande de Jurassique et de Crétacique, la formation se présente sensiblement horizontale.

Le profil, fig. 1, montre cette formation avec l'épaisseur de 15ᵐ en contact avec les calcaires jurassiques suivant la direction N. 70° W. et s'inclinant de 22° vers le S. A Alcanede, profil, fig. 2, les grès inférieurs ont une épaisseur de 20ᵐ entre les calcaires crétaciques et les calcaires lacustres. Etant presque verticaux ils suivent la direction des calcaires N. 66° W.

Dans le profil, fig. 4, les grès lacustres reposent sur les grès crétaciques, dont ils se distinguent parce que ces derniers sont plus fins et d'une couleur rougeâtre.

A Alemquer le signal du même nom repose en partie sur les grès lacustres, qui ont ici l'épaisseur de 10ᵐ, et en partie sur les calcaires de la formation 2. A Alemquer les grès et les calcaires 1 et 2 suivent la direction N. 14° E. et plongent de 20° vers l'E.

Suivant vers le S. jusqu'à l'extrémité méridionale du lacustre on voit toujours la formation 1 en contact avec le Jurassique. Dans une coupe naturelle faite par le ruisseau d'Arruda, 300ᵐ au S. 73° E. de Quinta de Valle de Flores, fig. 6, on peut observer la formation sableuse avec l'épaisseur de 30ᵐ intercalée entre les couches jurassiques et celles de calcaires lacustres, toutes concordantes, dans la direction S. 79° E. et plongeant de 23° vers le N.

On n'a point trouvé de fossiles dans cette formation.

2. *Calcaire de Alcanede.*[1] Se superposant à la formation précédente et l'accompagnant toujours, on trouve les calcaires inférieurs avec de rares fossiles. De la base au sommet cette formation passe d'un conglomérat de cailloux quartzeux à pâte calcaire, à des calcaires contenant des grains de sable et à un autre calcaire de grain très fin qui a l'apparence du calcaire jurassique.[2] Cette formation ayant subi toutes les vicissitudes de la précédente, nous avons remarqué qu'elle suit dans toutes les coupes les mêmes directions et les mêmes inclinaisons. Son épaisseur est plus grande à Alcanede où elle atteint environ 25ᵐ.

Miocène.— 3 et 4. *Formation saumâtre et formation sableuse d'Arneiro*. Nous ne séparons pas ces deux formations, car il nous est impossible de distinguer les couches qui les composent, à peine pouvons-nous affirmer que les couches qui contiennent des huîtres et que nous nommons formation

---

[1] Ce niveau est dénommé par Mr. Roman: *Niveau inférieur, horizon des calcaires blancs de la carrière de la Marqueza près Carregado.*

[2] Cette roche fut étudiée au microscope par Mr. Bleicher, et figure dans son mémoire: *Contribution à l'étude lithologique, microscopique et chimique des roches sédimentaires, secondaires et tertiaires du Portugal*, sous les nᵒˢ 110 et 116.

3, se trouvent à la base de la formation 4, ou sont intercalées [dans sa partie inférieure. La seconde formation sableuse est constituée par des grès grossiers argileux et marnes, qui reposent sur la formation précédente. En général les grès argileux sont quelquefois imprégnés de calcaire provenant de fontaines chargées de cette substance.

Quelquefois même, le calcaire compact forme de petits dépôts interstratifiés dans la série, comme on peut le voir dans le monticule sur lequel est bâti le signal de Pombas, formée de calcaire blanc friable, et à 2.600^m au N. 68° E. du Casal d'El-Rei, où l'on voit affleurer dans l'extension de quelques mètres entre des couches de grès, un banc de calcaire compact avec l'épaisseur de 2^m. Les grès ferrugineux sont fréquents et se développent parfois avec abondance comme il arrive près du signal de Torre Bella.

Le profil, fig. 1, traverse à peine cette formation dans le ruisseau de Alcorouchel où l'on voit le grès en couches horizontales couvert par des calcaires à fossiles, *Planorbis, Lymnaea* et *Helix*, appartenant à la formation 5. Le profil, fig. 2, montre la formation sableuse d'Arneiro depuis Alcanede jusqu'à Tremez, où elle disparaît sous des calcaires sur lesquels repose le signal d'Azoia.

Les coupes, fig. 4 et 5, sont surtout instructives parce qu'elles traversent les couches fossilifères dans les points où les fossiles ont été trouvés, la première montre les formations 1 et 2 déplacées par l'affleurement jurassique de Monte Redondo; on y remarque la disparition du grès appartenant à la formation dont nous nous occupons, sous les calcaires fossilifères 5, couronnant les escarpements qui dominent la vallée de Ribeira d'Aveiras. Ces escarpements sont formés par des grès et par des argiles qui ont donné beaucoup de restes de vertébrés fossiles.

La coupe, fig. 5, est encore plus instructive, puisqu'elle traverse le complexe sableux qui renferme les lits d'argile phytallifère et les marnes à vertébrés fossiles et à l'*Unio plissé* étudié par Fontannes, et montre encore à la base de cette formation un dépôt d'huîtres auquel le même géologue se réfère et que Mr. Choffat a reconnu être intercalé dans la partie inférieure de la mollasse d'eau douce.

Fontannes mentionne à peine le gisement de Fonte do Pinheiro, près d'Azambuja, mais à cette époque la Commission avait des huîtres d'une autre localité, 1.500^m au S. 20° E. du signal de Matão.

De nouvelles recherches ayant été faites dans l'été de 1905, d'autres gisements furent découverts:

650^m au N. 76° W. du signal de Pombas
300 » S. 7° E. » » de Matão
450 » S. 45° W. de Casal de Valle de Mouro

ce qui confirme l'affirmation de Mr. Choffat contre l'opinion que ces dépôts, déjà connus, étaient superficiels et sans importance stratigraphique. Si l'on pouvait avoir des doutes sur les dépôts de Fonte do Pinheiro, celui situé à 300^m au S. 7° E. du signal de Matão montre les huîtres liées les unes aux autres, sans vestiges de transport, gisant au milieu d'un grès grossier argileux dont elles se détachent difficilement.

L'épaisseur des couches qui constituent ces formations doit être à peu près de 100^m, jugeant d'après la différence de niveau entre les points les plus élevés et les points les plus bas où on les trouve, car, si ces couches se présentent en concordance avec celles de la formation 2 sur les bords du bassin lacustre, elles sont sensiblement horizontales dans l'intérieur, comme on peut l'observer dans les escarpements entre Villa Nova da Rainha et Archino.

Les gisements de fossiles végétaux de la formation 4, sont ceux d'Azambuja étudiés par Heer, et ceux découverts récemment à Cidral près de Rio Maior, confiés à l'étude de Mr. W. de Lima.

Les restes de vertébrés fossiles qui existent dans la Commission, provenant tous d'anciennes fouilles, appartiennent aux dépôts d'Archino, de Pombas (300^m au S. 60° E. du signal de Gorda), d'Azambuja et d'Aveiras. Grâce à des documents que j'ai trouvé parmi les papiers de Carlos Ribeiro, entre autres un rapport sur les gisements, écrit de la main de Manoel Roque, collecteur aussi habile que consciencieux qui a recueilli ces restes, j'ai pu déterminer les localités exactes d'un grand nombre d'exemplaires qui viennent d'être étudiés par Mr. Roman.

Sur la demande de ce savant naturaliste, la Commission du Service géologique a fait faire de nouvelles recherches dans l'escarpement d'Aveiras de Baixo qui malheureusement furent infructueuses.

5. *Formation calcaire de Pernes.* Succédant aux grès d'Arneiro se sont déposés les calcaires que l'on observe sur une grande étendue depuis Azambuja jusqu'à Thomar, et dans les landes entre Alcoentre et Rio Maior.

Ces calcaires sont quelquefois terreux, d'autres fois compacts et contiennent d'abondants restes fossiles, en général des moules de gastropodes. La coupe, fig. 1, montre les calcaires de cette formation en contact avec ceux de la formation 2, à l'exclusion de 3 et 4.

La rivière d'Alviella les traversé dans toute leur épaisseur, qui est à peu près de 85^m à Pernes, montrant nettement deux niveaux de calcaires compacts: le supérieur, sur lequel est bâtie l'église du village, et l'inférieur où l'Alviella a creusé son lit. Ils sont séparés par des marnes et de la craie lacustre.

Le niveau supérieur contient des *Helix* et des *Limnæa* en abondance, et l'inférieur des *Helix, Glandina* et des tubes de larves d'insectes.

L'épaisseur de cette formation se réduit à mesure que l'on va vers le Tage. Dans une petite coupe que nous avons faite sur le flanc gauche du ruisseau de Alcorouchel, près de Casal Bonito, on voit les calcaires intercalés dans les deux formations 4 et 6. Ici les calcaires sont marneux et micacés, ils ne contiennent qu'un seul niveau de calcaires compacts avec d'abondants *Planorbis* et *Limnæa* et quelques *Helix*.

Dans la coupe, fig. 2, ils forment l'escarpement sur lequel on voit le signal d'Azoia et les landes de Cabeço Gordo et Soudos, et disparaissent sous les sables qui s'étendent depuis Gualdim jusqu'au Tage. Son épaisseur ne doit pas être inférieure à 75^m, qui est la différence entre la cote 90^m de Tremez et celle de 165^m du signal de Cabeço Gordo.

Dans la coupe n° 3 les calcaires d'Alcoentre ont une épaisseur de 90^m. Ils sont marneux à la base, compacts à la partie supérieure, et donnent des fossiles: *Helix, Planorbis* et *Glandina.*

Les couches suivent la direction N. 4° E. et plongent de 7° vers le S. E. Suivant la ligne du profil les calcaires réapparaissent sous la formation sableuse qui s'étend depuis le signal d'Ereira jusqu'au Tage.

Les calcaires de cette formation sont parfois blancs, fins, d'autres fois gris, ou encore blancs avec des taches grises ou noires, ce qui lui donne l'aspect de brèches. Les calcaires gris renferment le plus grand nombre de fossiles. Dans la coupe, fig. 4, les calcaires de cette formation couronnent les flancs de Ribeira d'Aveiras et disparaissent sous les sables qui s'étendent depuis le signal de Bôa Vista jusqu'à la station de Setil.

La formation 5 ne figure pas dans la coupe, fig. 5.

Après la visite de Mr. Roman j'ai fait de nouvelles recherches à Rio Maior, et j'ai eu l'occasion de constater le contact des calcaires de la formation dont nous nous occupons avec les marnes du Jurassique.

Les couches calcaires, avec l'épaisseur de 11^m environ, se trouvent inclinées de 20° vers le S. 18° E. en concordance avec les couches du Jurassique.

Pliocène.—6. *Formation sableuse de Cartaxo.* Aux calcaires succède une formation sableuse, assez épaisse et étendue, avec intercalations de lits argileux. Les grès grossiers et kaoliniques passent parfois à des sables fins, blancs, incohérents, ce qui porta Carlos Ribeiro à considérer cette formation comme étant pliocènique, opinion qui a été confirmée par l'étude de Mr. Roman. Cette formation s'étend depuis Azambuja jusqu'à Thomar, mais elle présente une épaisseur plus grande dans l'escarpement de Santarem, où elle atteint environ 90^m.

Ces grès enserrent des concrétions de calcaire et de fer spathique en masses qui atteignent un demi-mètre de diamètre. Les lits argileux sont phytallifères comme on le voit à Valle de Santarem, où le collecteur Romão de Souza a recueilli un grand nombre de végétaux ainsi que sur différents points de l'escarpement de Santarem, où il a aussi découvert un exemplaire d'*Unio* qui ne peut être spécifiquement déterminé.

7. *Formation des calcaires de Santarem*. Le flanc droit de la vallée du Tage est couronné à Santarem par une formation calcaire sensiblement horizontale, où j'ai reconnu les couches suivantes:

c) Calcaire foncé compact avec fossiles abondants: *Planorbis, Limnæa, Helix, Glandina.* 1ᵐ d'épaisseur.

b) Argiles foncées avec opercules de gastropodes. 1ᵐ d'épaisseur.

a) Calcaire marneux sans fossiles. 8ᵐ d'épaisseur.

A la base de ce complexe se montre un conglomérat formé par de petits cailloux quartzeux, roulés, liés par une pâte d'argile ferrugineuse.

Épaisseur totale des formations tertiaires. Comme nous l'avons déjà dit, l'épaisseur de chacune des formations varie de point en point, puisqu'elles affectent sensiblement la forme lenticulaire; nous ne pouvons donc donner l'épaisseur réelle de la totalité des dépôts, mais la hauteur qu'ils atteindraient s'ils étaient tous superposés avec leur maximum d'épaisseur.

Épaisseur maxima de la formation 7 à Santarem	....	10ᵐ
» » » 6 à Santarem	....	80ᵐ
» » » 5 à Pernes	....	85ᵐ
» » » 4 et 5 à Azambuja	....	100ᵐ
» » » 2 à Alcanede	....	25ᵐ
» » » 1 à Carregado	....	30ᵐ
Épaisseur maxima totale	....	330ᵐ

Quaternaire.—8 et 9. *Dépôts de tufs, travertins et cailloux roulés.* Nous rangerons dans cette période les nombreux dépôts formés pour la plupart de cailloux roulés quartzeux et d'argile rougeâtre qui se trouvent au fond et sur le flanc des vallées, à des hauteurs variables, et qui témoignent de l'impétuosité et de l'abondance des courants qui creusèrent le sol pendant la période quaternaire.

Parfois on trouve des dépôts accusant un court transport; ce sont de véritables brèches peu cohérentes, formées de fragments de calcaire tertiaire liés aussi par une pâte calcaire.

Il est bien difficile de distinguer les premiers dépôts des formations tertiaires sableuses puisque tous contiennent les mêmes éléments constitutifs, par contre ils sont parfaitement reconnaissables lorsqu'ils reposent sur les formations calcaires, la végétation même les révèle.

Nous devrons encore mentionner un autre ordre de dépôts attribués à cette période, quoique les fossiles d'origine végétale qu'ils renferment en grande abondance sont encore à étudier. [1]

Ils sont formés par des calcaires d'origine chimique, vrais tufs et travertins qui se trouvent déposés le long des rivières Alviella, Almonda et Rio Maior, en lambeaux que nous avons délimités. Le tuf est parfois terreux, à grain fin, d'autres fois il a l'aspect concrétionné et extrêmement compact, on le trouve sur les flancs des vallées à la hauteur de 67ᵐ, comme on peut le voir à Quinta de S. João (Pernes), reposant toujours sur une couche de cailloux roulés, calcaires ou quartzeux, ou sur du gravier, fig. 7. Parfois les tufs sont couverts par des cailloux roulés quartzeux ou par des argiles rougeâtres, fig. 8.

Dans un puits ouvert à Quinta da Torre (Pernes) fig. 9, j'eus l'occasion de voir la superposition des tufs aux calcaires tertiaires.

Le contact se faisait par l'intermédiaire de cailloux roulés de calcaire tertiaire et de sables grossiers, dans l'intérieur de la masse du tuf on observait des poches et des veines de cailloux roulés de calcaire tertiaire depuis la grosseur d'une amande jusqu'au diamètre de 15ᶜᵐ. En cassant ces

---

[1] La partie la plus ancienne de ces dépôts doit se rapporter au Pliocène ; c'est l'avis de Mr. Flicho qui a examiné quelques végétaux fossiles recueillis par Mr. Roman à Pernes.

cailloux on reconnait qu'après avoir été roulés, ils avaient été enveloppés par différentes couches de calcaire concrétionné.

Quelques-uns des dépôts de tufs continuent encore à se former, comme c'est le cas à Povoa das Mós et sur une plus large échelle à Pernes, dans la cascade de Corredoira, où l'Alviella se précipite d'une hauteur d'environ 12ᵐ. Les eaux chargées de carbonate calcaire, abandonnant l'acide carbonique dans leur chute, déposent le calcaire qui va envelopper les feuilles et les troncs des arbustes qui, encore vivants, se trouvent déjà en voie de fossilisation.

On ne reconnaît point de vestiges de stratification dans ces tufs, on les trouve déposés en masses concrétionnées et ils sont d'autant plus modernes que la cote du niveau où ils se trouvent est plus basse.

A la partie supérieure des flancs des vallées le tuf est compact, caverneux et contient beaucoup de restes de feuilles et de tiges qui furent enveloppés par les incrustations calcaires. [1] A la partie inférieure les tufs sont terreux et à petit grain et contiennent aussi des feuilles, mais en moindre abondance. En quelques endroits on trouve des *Helix* et très rarement des *Unio* de petites dimensions.

Les tufs sont en partie couverts par des dépôts de cailloux roulés conjointement soit avec des grès grossiers, soit avec de l'argile rougeâtre provenant de la dissolution des calcaires. On observe les mêmes dépôts (en grande extension dans la zone limitée par Pombalinho, Barquinha, Atalaia, Torres Novas, Alcanede, Pernes et S. Vicente) couvrant indistinctement les formations calcaires et sableuses. On les trouve à des altitudes différentes, mais sans qu'ils forment des terrasses bien définies.

Moderne.—10. *Alluvions du Tage, tufs et argiles rougeâtres.* Outre les tufs qui continuent à se déposer, il faut considérer les grandes alluvions du Tage et de ses affluents dont nous verrons plus loin l'importance au point de vue agricole. D'autres dépôts se continuent encore à l'époque actuelle; ils sont formés par des argiles rougeâtres qui couvrent les formations calcaires et qui sont le résultat de la dissolution de ces derniers par les eaux des pluies chargées d'acide carbonique. On peut les observer dans les plateaux calcaires de Parceiros, Malhou, etc.

Kioekkenmoeddings

Quoique l'étude des stations préhistoriques ne rentre plus dans le cadre des travaux qui sont à la charge de la Commission du Service géologique, je mentionnerai deux kioekkenmoeddings que j'ai vus au N. du Tage. En allant vers Camarnal par la route qui vient de Casal d'Alvarinho, 150ᵐ environ au N. 77° E. du village, on rencontre un dépôt formé d'alluvions d'une couleur noire contenant des coquilles marines et terrestres, fragments d'os et des silex taillés. Les coquilles marines que j'ai recueillies à la surface appartiennent toutes à une seule espèce, *Lutraria compressa*.

Le dépôt est à une hauteur de 30ᵐ environ.

L'autre dépôt est placé à 100ᵐ au S. 62° E. du Casal da Amendoeira, près de la limite du lacustre avec le Jurassique, mais reposant sur les couches de ce système à une hauteur de 100ᵐ environ à la partie supérieure de la colline de Cadafaes.

Il est formé d'argile rougeâtre contenant beaucoup de coquilles marines et quelques-unes terrestres. Dans la recherche que j'ai faite à la surface aucun os n'a été trouvé. Un fragment de silex parfaitement taillé fut trouvé dans le tertre d'un fossé qui servait de limite à une propriété.

Parmi les coquilles marines on trouve des valves de *Tapes*, *Lutraria compressa*, *Solen marginatus* et *Mytilus edulis*, celles du genre *Tapes* prédominant.

---

[1] Les végétaux étudiés par Mr. Fliche sont de cette provenance.

GÉOLOGIE UTILITAIRE

Correspondant à des différentes formations géologiques le sol (tertiaire, quaternaire et moderne) est divisé en régions parfaitement définies sous le point de vue agricole et connues sous les désignations de *terras de salão, espragaes, bairros* et *arneiros*. Les *terras de salão* comprennent les vastes alluvions du Tage qui s'étendent depuis Gollegã jusqu'à Villa Franca et celles des vallées secondaires ses tributaires: elles sont formées par des argiles enrichies par les limons du Tage.

Quelques-uns de ces terrains sont encore imprégnés de chlorure sodique, ce sont les *salgados;* d'autres ont été dessalés par la culture depuis des temps immémoriaux, et constituent le meilleur terreau pour la culture céréalifère en Portugal; leur renommée date du temps où les Arabes dominèrent dans la Péninsule. [1] Ces terrains sont presque dépourvus de chaux et si riches en éléments nobles qu'ils n'ont point besoin d'engrais. L'emploi des assolements rationnaux lui fait garder sa fertilité presque indéfiniment.

Les *salgados* donnent d'excellents pâturages.

Par *espragaes* on comprend les terrains formés d'argile rouge, de sable et de cailloux roulés qui, attenants aux alluvions modernes, sont plantés d'oliviers depuis Entroncamento jusqu'à Azinhaga et qui se montrent en d'innombrables petites taches couvrant les formations tertiaires.

Ces dépôts appartiennent à la période quaternaire; le chêne, *Quercus lusitanicus*, le chêne-liège, *Quercus suber*, et les pins, *Pinus pinea* et *Pinus pinaster*, y végètent spontanément.

Les formations calcaires et marneuses tertiaires qui occupent de grandes étendues de terrain sont connues sous le nom de *bairros*, et par *barros* on désigne leur nature minéralogique qui est un mélange de chaux et d'argile. Ces terrains sont aptes pour la culture céréalifère, viticole et surtout oléicole. L'olivier sauvage, *Olea europea*, et le chêne vert, *Quercus ilex*, y végètent spontanément. Pourvues de potasse qui leur est fournie par l'argile, les *barros* sont pauvres en phosphore et en azote [2] éléments nobles qui doivent leur être fournis par la culture intensive. L'emploi d'engrais chimiques a donné d'excellents résultats; il s'est généralisé ces dernières années surtout celui des superphosphates qui ont été importés cette année dans la région par centaines de tonnes.

On donne le nom régional de *arneiros*, aux formations tertiaires sablonneuses. Ils sont très appropriés à la culture de la vigne et le pin et le chêne-liège y croissent spontanément. Quand ils ne sont pas tout à fait dépourvus de chaux ils sont aussi appropriés à la culture oléicole.

Dans les formations calcaires ainsi que dans les formations sablonneuses, on rencontre de grandes étendues de terrains tout à fait dépourvus de culture et recouverts de broussailles; ce sont les *charnecas*. Dans les régions calcaires où la population est plus dense, le fait montre l'extrême pauvreté du sol, presque du manque de terre labourable, les calcaires compacts affleurent à chaque pas sous les argiles rouges qui sont le résultat de la dissolution des mêmes calcaires qui se présentent corrodés.

---

[1] Conde de Ficalho: in *Portugal au point de vue agricole* (Introduction).

[2] A ma connaissance on n'a pas fait l'analyse chimique systématique de ces terrains, mais une autre espèce d'analyse à été pratiquée avec plus ou moins de méthode, au moyen d'essais culturaux, l'*analyse physiologique*, dont les résultats sont plus sûrs.

Matériaux de construction

Dans les terrains calcaires on trouve fréquemment des carrières qu'on exploite soit pour la fabrication de la chaux, soit pour la pierre à bâtir, ou pour l'empierrement des routes.

La chaux obtenue est d'une qualité inférieure et doit entrer en plus grande proportion dans les mortiers que celles qui sont fabriquées avec les calcaires du mésozoïque ou du paléozoïque.

Pour ce qui concerne la pierre de taille, on ne peut extraire que de petites pièces des carrières du Tertiaire lacustre. Quelques calcaires sont coupés sous la forme de parallélipipèdes auxquels on donne le nom de *cantos* ou *tufos,* quoique cette désignation soit impropre; leur dimensions facilitent beaucoup la main d'œuvre de la maçonnerie.

Le tuf, dans la véritable acceptation pétrographique, se trouve dans les dépôts quaternaires de Pernes, Alcanena, Torres Novas et Rio Maior et en d'autres localités, où toutes les constructions sauf les fondements, sont faites de ce matériel, qui offre de grands avantages sur le calcaire tertiaire tels que: la facilité d'extraction et de coupe, la légèreté, la dureté qu'il acquiert quand il est exposé à l'action des agents atmosphériques et la manière dont il se comporte quand il est exposé au feu. En contraste avec le tuf employé dans les constructions, qui est à petit grain, mou et très friable quand il vient d'être extrait de la carrière, il y a le tuf compact, caverneux, extrêmement dur et tenace, véritable travertin, qui fut autrefois très employé comme pierres à meules. Par les restes de l'exploration qui abondent à Pernes, à Valle das Pedreiras et à Povoa das Mós, on voit le degré d'importance qu'atteignit cette industrie, morte aujourd'hui ainsi que celle de la mouture qui tirait la force motrice des chutes de l'Alviella. On distingue dans la localité deux qualités de ce travertin, une plus fine et moins caverneuse nommée *pedra molar alveira,* l'autre plus grossière connu sous le nom de *pedra molar secundeira.*

Dans les terrains argilo-sableux la brique ordinaire et la brique crue, *adobe,* séchée au soleil, sont les matériaux employés dans la maçonnerie; en quelques localités on ajoute de la paille à la pâte afin d'en augmenter la consistance. Je citerai comme curiosité que dans une station préhistorique à Cazevel, j'ai trouvé des fragments de brique où l'on observe le même artifice.

Je n'ai vu dans aucun endroit de la région au Nord du Tage employer le pisé, *taipa,* qu'on emploie avec tant d'adresse dans quelques populations du Sud, comme par exemple à Salvaterra.

Les poteries et les fabriques de tuiles et de briques abondent dans les terrains argilo-siliceux.

Dans les endroits où abondent les cailloux roulés, de grandes dimensions, ceux-ci sont employés, après avoir été cassés, pour l'empierrement des routes, donnant un pavé peu élastique, mais très durable, contrairement à l'empierrement par le calcaire lacustre qui se défait rapidement sans adhérer au gravier.

Matériaux industriels

Malgré l'analogie de nos formations lacustres avec celles de l'Espagne, nous ne possédons pas les gisements de gypse, de chlorure et de sulfate de sodium qui se trouvent dans les deux bassins lacustres des deux Castilles et de l'Ebre; du moins aucun affleurement n'est connu. Probablement les eaux chloretées d'Alcanhões, doivent leur minéralisation à quelque dépôt intercalé dans les terrains lacustres. Le savant géologue D. Salvador Calderon,[1] explique clairement l'existence de ces dépôts d'Espagne par la richesse en sel, gypse, carbonates de chaux et de magnésie des terrains triasiques qui bordent presque constamment les anciens bassins lacustres. Les sédiments de ce terrain se sont déposés au fond des lacs tertiaires à cette époque-là sans décharge, et par l'évaporation les eaux, où le

---

[1] *Anal. de la Soc. Esp. de Hist. Nat.,* tom. xxiv, 1895, p. 337.

chlorure de sodium et le sulfate de calcium se trouvaient dissous, se sont concentrées à un tel point que ces substances se déposèrent en ordre inverse de leur solubilité, d'abord le gypse et ensuite le sel commun, formant des dépôts lenticulaires qui atteignent quelquefois l'épaisseur de quelques mètres.

Les eaux d'Alcanhões ont la composition suivante: [1]

Sulfates	de calcium	0,16004
	de potassium	0,02702
Chlorures	de sodium	1,69707
	de calcium	0,31609
	de magnésium	0,29600
Bicarbonates	de calcium	0,47808
	de magnésium	0,03569
Silice		0,02920
Acide carbonique libre		0,13386
Chlorures	de lithium	indéterminé
	d'ammonium	»
Oxyde de fer		»
Azotate de sodium		»
Matières organiques fixes		»
Total des substances en dissolution		3,17302

Silex. Dans les grès tertiaires et même dans les dépôts quaternaires on trouve des cailloux de silex roulés, provenant du Crétacique, qui furent exploités au moyen de puits et qui étaient utilisés dans la fabrication de *pierres à fusil*, industrie qui florissait autrefois dans le village de Azinheira (Rio Maior) où nous les avons encore vu tailler.

Salpêtre. Je mentionnerai encore une autre industrie qui a disparu aussi, celle du salpêtre qui s'exerça à Lapas, petit village près Torres Novas; cette substance était retiré des parois des grandes galeries qui minent le sous-sol.

Ces galeries ou *lapas* donnèrent le nom à la peuplade et, selon la tradition populaire sont l'ouvrage des Maures. L'ammoniaque provenant de restes organiques en décomposition se mêlant à l'oxygène de l'air par l'intermédiaire d'un micro-organisme, ferment nitrique, très fréquent dans la nature, produit l'acide nitrique et les nitrates par la présence des bases alcalines et terreuses. Les restes organiques en décomposition proviennent de la surface et sont transportés par l'eau qui s'infiltre dans le sol formé d'un tuf très poreux.

Une partie des galeries est aujourd'hui obstruée par des éboulements, l'autre est le gisement d'animaux morts, et de toute espèce d'ordures qui rend l'entrée inabordable.

La brochure de Mr. Souza Viterbo, *O fabrico da polvora em Portugal*, renferme un édit du Roi D. João III daté de 1553, où ce roi donnait à Antonio Gonçalves, habitant le village de Torres Novas, la charge d'extraire le salpêtre pour la poudre, en disant *que seu Pay Gonçallo Diaz tem o careguo das lapas...... que estão no termo de esta villa.*

Eaux potables

Le nombre et le débit des sources dépend de la nature du terrain, et de la hauteur à laquelle elles sont captées.

Dans les terrains calcaires les eaux sourdent abondamment au fond des vallées et leur débit est très variable suivant les saisons.

La même chose arrive mais à un plus haut degré, avec les puits ouverts à mi-côte ou sur

---

[1] *Catalogue Officiel de l'Exposition Universelle de 1900*, p. 228. Paris-Lisbonne.

les plateaux, qui se ressentent du moindre étiage. Toutes ces eaux ont une saveur très agréable, mais elles sont très calcaires. Parmi les sources des terrains calcaires, il faut citer pour son grand débit celle de Povoa Nova, située à 2 kilom. environ au S. de Cazevel. Les eaux des terrains siliceux plus pures, sont presque toujours captées au moyen de puits qui vont atteindre la couche aquifère à une petite profondeur dans les dépressions du terrain, elles manquent dans les points élevés à moins qu'une couche argileuse ne s'interpose pour les retenir, comme il arrive à Valle de Paraizo, Alcanhões, etc.

Différents trous de sonde ont été pratiqués. Au village de Carregado un sondage fut porté à la profondeur de 47^m et on nous dit qu'on a trouvé trois niveaux aquifères aux profondeurs de 15, 17 et 47^m et que les couches traversées étaient:

Cailloux roulés de forme lenticulaire, jusqu'à la profondeur de 10^m.

Gravier, de 10 à 27^m. Une couche argileuse avec coquilles fut trouvée à cette profondeur.

Gravier, de 27 à 47^m où on a vu du sable lavé.

Le trou a été tubé et l'eau est élevée de la profondeur de 20^m au moyen d'une pompe à deux valves.

A 1700^m au S. 60° W. du signal de Matão (Pombal), dans une propriété du marquis de Castello Melhor, un trou fut porté à la profondeur de 40^m qui donne de l'eau un mètre au-dessus du niveau du sol. On m'informe qu'on trouva d'abord des sables, ensuite une couche dure, et que l'eau jaillit quand cette couche fut traversée. Dans Quinta do Campo on fit un autre trou d'où l'eau s'élève aussi à la hauteur d'un mètre environ.

Près de la vallée de Carregado on a déjà fait quatre trous de sonde dans les terrains d'alluvion. Le premier qui se trouve sur la route qui mène à la station du chemin de fer, donna de l'eau à la profondeur de 41^m. Il fut bouché parce qu'il donnait de l'eau salée. D'après les informations du propriétaire et par les échantillons qu'il me montra les couches traversées étaient:

Argile conchylifère jusqu'à 12^m.

Grès argileux de 12 à 41^m.

Le second trou se trouve à une centaine de mètres de distance du premier et donna de l'eau potable à la profondeur de 24^m.

Le troisième au-delà de la voie ferrée donne aussi de l'eau potable, mais de même que les deux précédents, elle n'est pas jaillissante.

Le quatrième, très près du bord du Tage, donne de l'eau douce s'élevant à la hauteur de 1^m au-dessus de la surface du sol, mais subissant l'influence des marées.

On m'a dit que dans le village de Reguengo d'Alviella, au milieu des alluvions du Tage, on fit un forage jusqu'à la profondeur de 56^m traversant des couches de sables, d'argile glaise et de cailloux. Il donne de l'eau saumâtre en abondance, mais on doit l'amener par une pompe à la surface du sol.

Analyses hydrotimétriques.—Ayant fait l'analyse hydrotimétrique de différentes sources de la région, j'ai obtenu le résultat suivant:

Olho da Mira (calcaire jurassique)	14°
Olhos d'Agua (calcaire jurassique)	15°
Canal d'Alviella (recueillies à Pernes)	15°
Fontaine d'Ameaes de Baixo (grès crétacique)	5°
» do Casal de Frazão (grès crétacique)	5°
» da Mata Monsanto (calcaire crétacique)	21°
Rio Alviella, en amont de la cascade de Pernes.	12°
Puits de Quinta do Alviella (calcaire lacustre)	22°,5
Fontaine du Malhou (calcaire lacustre)	21°,5
» de Maria Vidal, à Pernes (calcaire lacustre)	20°
» da Ribeira, à Pernes (calcaire lacustre)	15°

Fontaine da Figueira, à Pernes (calcaire lacustre)...................................... 24°
Source de Quinta de D. Rodrigo, à Pernes (calcaire lacustre)........................... 21°,5
Fontaine da Povoa Nova, à Cazevel (calcaire lacustre)................................... 21°
   »   Santa Grande, à Cazevel (calcaire lacustre)................................ 19°
Puits do Casal do Tristão, à Cazevel (calcaire lacustre)................................. 18°
Puits da Quinta da Commenda, Alcanhões (calcaire lacustre).......................... 17°
Fontaine do Arneiro (formation sableuse)... .... 10°
Puits à Arneiro (formation sableuse).. 16°,5
Fontaine da Romeira (formation calcaire lacustre).................................... 22°
Source du Gallinheiro, Santarem (formation sableuse)................................. 17°
Fontaine des Padeiros, Santarem (formation sableuse)................................. 29°,5
Aguas Ferreas, Santarem (formation sableuse).. 26°,5
Fontaine de Junqueira, Santarem (formation sableuse)................................ 25°,5
   »   de Palhaes, Santarem (formation sableuse)............................... 15°
   »   de S. Domingos, Santarem (formation sableuse)......................... 10°

TABLE DES MATIÈRES

NÉOGÈNE DU VERSANT DROIT DE LA VALLÉE DU TAGE

A. TORRES

Stratigraphie

Légende

Terrain calcaire
Terrain sableux

Echelle pour les figures 1 à 5 - 1:100.000
Hauteurs quintuples

Fig. 1. Profil du signal de Chapo à Azinhaga.

Fig. 2. Profil d'Alemada à Santarem.

Fig. 3. Profil de Salvador à Curiaxeo.

Fig. 4. Profil du signal de Sobrosnas à Salil.

Fig. 5. Profil du signal de Bôa Vista à Azanhaga.

Fig. 6. Vue coupe montrant le contact du Néogène avec le Jurassique sur le flanc droit de la rivière à Arruda.

Fig. 7. Profil transversal de la Vallée de l'Alviella passant par Pernes. Echelle, 1:10.000, hauteurs doubles.

Fig. 8. Vue coupe du Quaternaire à Pernes.

Fig. 9. Vue coupe du Quaternaire à Pernes.

Recueil d'Études paléontologiques sur la Faune crétacique du Portugal.
Vol. I. Espèces nouvelles ou peu connues, par P. Choffat. Première série. 4°, 40 pag., 18 pl., dont 2 doubles. 1886.
Deuxième série.—Les Ammonées du Bellasien, des Couches à Neolobites Vibrayeanus, du Turonien et du Sénonien. 46 pag., 20 pl. Lisbonne, 1898.
Troisième série.—Mollusques du Sénonien à facies fluvio-marin. 18 pag., 2 planches. Lisbonne, 1901.
Quatrième série.—Espèces diverses et Table des quatre premières séries. 67 pag., 16 planches. Lisbonne, 1901.
——Vol. II. Description des Échinides, par P. de Loriol. 128 pag., 22 pl. Lisbonne, 1887-1888.

CÉNOZOÏQUE

Molluscos fosseis:—Gasteropodes dos depositos terciarios de Portugal (Gastéropodes des dépôts tertiaires du Portugal), por F. A. Pereira da Costa. 4°, 252 pag., 28 est. Lisboa, 1866-1868. (Avec traduction en français).

Mollusques tertiaires du Portugal:—Planches de Céphalopodes, Gastéropodes et Pélécypodes laissées par F. A. Pereira da Costa; accompagnées d'une Explication sommaire et d'une Esquisse géologique par G. F. Dollfus, J. C. Berkeley Cotter et J. P. Gomes. 4°, 120 pag., 1 tableau stratigraphique, 1 portrait et 28 pl. Lisbonne, 1903-1904.

Description des Echinodermes tertiaires du Portugal, par P. de Loriol. Accompagnée d'un Tableau stratigraphique par J. C. Berkeley Cotter. 4.°, 30 pag., 13 pl. Lisbonne, 1896.

Le Néogène continental dans la basse vallée du Tage. 1re partie: Paléontologie par Frédéric Roman. 2e partie: Stratigraphie par Antonio Torres. 4°, 108 pag., 5 planches de fossiles et 1 planche de coupes. Lisbonne, 1907.

Estudos geologicos:—Descripção do terreno quaternário das bacias do Tejo e Sado (Description du terrain quaternaire des bassins du Tage et du Sado), por Carlos Ribeiro. 4°, 164 pag., 1 carta, 1866. (Avec traduction en français).

Estudo de depositos superficiaes da bacia do Douro, por F. A. Vasconcellos P. Cabral. 4°, 87 pag., 3 est. Lisboa, 1881.

PRÉHISTORIQUE

Da existencia do homem em épocas remotas no valle do Tejo:—Noticia sobre os esqueletos humanos descobertos no Cabeço d'Arruda (Notice sur les squelettes humains découverts au Cabeço d'Arruda), por F. A. Pereira da Costa. 4°, 40 pag., 7 est. Lisboa, 1865. (Avec traduction française en regard). Epuisé.

Da existencia do homem no nosso solo em tempos mui remotos provada pelo estudo das cavernas:—Noticia ácerca das grutas da Cesareda (Notice sur les grottes de Cesaréda), por J. F. N. Delgado. 4°, 127 pag., 3 est. Lisboa, 1867. (Avec traduction en français). Epuisé.

Monumentos prehistoricos:—Descripção de alguns dolmins ou antas de Portugal (Description de quelques dolmens ou antas du Portugal), por F. A. Pereira da Costa. 4°, 97 pag., 3 est. Lisboa, 1868. (Avec traduction en français).

Descripção de alguns silex e quartzites lascados encontrados nas camadas dos terrenos terciario e quaternario das bacias do Tejo e Sado, por C. Ribeiro. 4.°, 57 pag., 10 est. 1871. (Avec traduct. en français). Epuisé.

Estudos prehistoricos em Portugal:—Noticia de algumas estações e monumentos prehistoricos (Notice sur quelques stations et monuments préhistoriques), por Carlos Ribeiro. 2 vol. in-4°: 1.° vol. 72 pag., 21 est. Lisboa, 1878; 2.° vol. 86 pag., 7 est. Lisboa, 1880. (Avec traduction en français).

COLONIES

Contributions à la connaissance géologique des colonies portugaises d'Afrique.
I. Le Crétacique de Conducia, par Paul Choffat. 4°, 31 pag., 9 pl. Lisbonne, 1903.
II. Nouvelles données sur la zone littorale d'Angola, par Paul Choffat. 4°, 48 pag., 4 pl. Lisbonne, 1905.

Publications diverses

Carta geologica de Portugal, levantada por Carlos Ribeiro e J. F. N. Delgado. Escala $^1/_{500000}$. Lisboa, 1876. Épuisé.
——por J. F. N. Delgado e Paul Choffat. Escala $^1/_{500000}$, 1899.

Carta hypsometrica de Portugal (segundo a Carta chorographica na escala de $^1/_{100000}$). Escala $^1/_{500000}$, 1906.

Noticia sobre a carta hypsometrica de Portugal, por Paul Choffat (com uma carta tectonica). Versão do original francez por Luiz Filippe d'Almeida Couteiro. 70 pag., 1 carta. Lisboa, 1907.

Communicações dos Serviços geologicos de Portugal. 8°.—T. i. 344 pag., 9 est., 1885-1888.—T. ii. 287 pag., 20 est., 1889-1892.—T. iii. 300 pag., 22 est., 1895-1898.—T. iv. 242 pag., 4 est., 1900-1901.—T. v. 388 pag., 13 est., 1903-1904.—T. vi. xxi-376 pag., 6 est., 1904-1907.—T. vii. Fasc. i. 84 pag., 1 carta e 2 est., 1907.

Congrès international d'Anthropologie et d'Archéologie préhistoriques:—Compte rendu de la neuvième session tenue à Lisbonne en 1880. 8°, 723 pag., 45 pl. Lisbonne, 1884.

Relatorio ácerca da arborisação geral do paiz, por C. Ribeiro e J. F. N. Delgado. 8.°, 317 pag., 1 carta. 1868. Épuisé.

Relatorio ácerca da sexta reunião do Congresso internacional de anthropologia e de archeologia prehistoricas verificada na cidade de Bruxellas no mez de agosto de 1872, por C. Ribeiro. 4°, 91 pag. 1873. Épuisé.

Relatorio da commissão desempenhada em Hespanha em 1878, por J. F. N. Delgado. 4°, 24 pag. Lisboa, 1879.

Relatorio e outros documentos relativos à commissão scientifica desempenhada em differentes cidades da Italia, Allemanha e França em 1881, por J. F. N. Delgado. 4°, 73 pag. Lisboa, 1882. Épuisé.

Relatorio ácerca da quinta sessão do Congresso geologico international realisada em Londres no mez de setembro de 1888, por J. F. N. Delgado. 4°, 62 pag., Lisboa, 1889.

Relatorio ácerca da decima sessão do Congresso internacional de anthropologia e archeologia prehistoricas, por J. F. N. Delgado. 4°, 46 pag. Lisboa, 1890.

NOVEMBRE, 1907.

www.ingramcontent.com/pod-product-compliance
Lightning Source LLC
LaVergne TN
LVHW020533060726

842525LV00004B/1173